U0180016

国家出版基金资助项目
湖北省学术著作出版专项资金资助项目
智能制造与机器人理论及技术研究丛书
总主编 丁汉 孙容磊

数控矫直技术及智能装备

卢红 凌鹤◎著

SHUKONG JIAOZHI JISHU
JI ZHINENG ZHUANGBEI

华中科技大学出版社
http://www.hustp.com
中国·武汉

内 容 简 介

　　数控矫直技术是提升条形基础功能件直线精度的关键技术。本书总结了面向智能制造的数控矫直智能装备在设计和应用方面的研究成果,着重阐述了数控矫直工艺及应用技术。全书共六章,第 1 章介绍数控矫直工艺及其智能化技术,第 2 章介绍数控矫直机理,第 3 章介绍数控矫直工艺设计,第 4 章介绍数控矫直智能装备的感知装置设计,第 5 章介绍数控矫直过程中的智能化技术,第 6 章介绍数控矫直智能装备的设计方法及应用案例。

　　本书适合作为研究数控专用及通用机床智能化的设计、普通及数控机床的智能化改造、机械 CAD/CAM 技术应用等的科研人员和工程技术人员的参考书,也适合作为高等院校相关专业的本科生以及研究生专业教材或参考书。

图书在版编目(CIP)数据

　　数控矫直技术及智能装备/卢红,凌鹤著.—武汉:华中科技大学出版社,2020.1
(智能制造与机器人理论及技术研究丛书)
ISBN 978-7-5680-4060-0

　　Ⅰ.①数…　Ⅱ.①卢…　②凌…　Ⅲ.①数控技术-矫直　Ⅳ.①TG941

　　中国版本图书馆 CIP 数据核字(2019)第 274528 号

数控矫直技术及智能装备
Shukong Jiaozhi Jishu ji Zhineng Zhuangbei

卢 红　凌 鹤 著

策划编辑:俞道凯
责任编辑:姚同梅
封面设计:原色设计
责任监印:周治超
出版发行:华中科技大学出版社(中国·武汉)　　　电话:(027)81321913
　　　　　武汉市东湖新技术开发区华工科技园　　　邮编:430223
录　　排:武汉市洪山区佳年华文印部
印　　刷:湖北新华印务有限公司
开　　本:710mm×1000mm　1/16
印　　张:15
字　　数:257 千字
版　　次:2020 年 1 月第 1 版第 1 次印刷
定　　价:118.00 元

智能制造与机器人理论及技术研究丛书

专家委员会

主任委员 熊有伦（华中科技大学）

委　　员 （按姓氏笔画排序）

卢秉恒（西安交通大学）　　朱　荻（南京航空航天大学）　　阮雪榆（上海交通大学）

杨华勇（浙江大学）　　　　张建伟（德国汉堡大学）　　　　邵新宇（华中科技大学）

林忠钦（上海交通大学）　　蒋庄德（西安交通大学）　　　　谭建荣（浙江大学）

顾问委员会

主任委员 李国民（佐治亚理工学院）

委　　员 （按姓氏笔画排序）

于海斌（中国科学院沈阳自动化研究所）　　　王飞跃（中国科学院自动化研究所）

王田苗（北京航空航天大学）　　　　　　　　尹周平（华中科技大学）

甘中学（宁波市智能制造产业研究院）　　　　史铁林（华中科技大学）

朱向阳（上海交通大学）　　　　　　　　　　刘　宏（哈尔滨工业大学）

孙立宁（苏州大学）　　　　　　　　　　　　李　斌（华中科技大学）

杨桂林（中国科学院宁波材料技术与工程研究所）　张　丹（北京交通大学）

孟　光（上海航天技术研究院）　　　　　　　姜钟平（美国纽约大学）

黄　田（天津大学）　　　　　　　　　　　　黄明辉（中南大学）

编写委员会

主任委员 丁　汉（华中科技大学）　　孙容磊（华中科技大学）

委　　员 （按姓氏笔画排序）

王成恩（上海交通大学）　　方勇纯（南开大学）　　　　史玉升（华中科技大学）

乔　红（中国科学院自动化研究所）　孙树栋（西北工业大学）　杜志江（哈尔滨工业大学）

张定华（西北工业大学）　　张宪民（华南理工大学）　　范大鹏（国防科技大学）

顾新建（浙江大学）　　　　陶　波（华中科技大学）　　韩建达（南开大学）

蔺永诚（中南大学）　　　　熊　刚（中国科学院自动化研究所）　熊振华（上海交通大学）

作者简介

▶ **卢 红**　武汉理工大学教授,中国机械工程学会机器人分会委员,湖北省机械工程学会理事。长期从事机械CAD/CAM、数控装备与机器人技术、检测/重构/制造一体化研究与教学工作。主持国家自然科学基金项目、国家重点研发计划重点专项、湖北省技术创新专项重大项目、湖北省自然科学基金项目、武汉市科技攻关计划项目等科研项目30余项。发表学术论文80余篇,获得国家发明专利与软件著作权授权20余项,获省部级科技进步奖3项。

▶ **凌 鹤**　武汉理工大学副教授,全国高校互换性与测量技术基础研究会理事。主要从事数控装备与机器人技术、数控矫直工艺及其相关应用技术的研究与教学工作。主持国家自然基金项目1项、湖北省自然科学基金项目1项,参与其他国家级、省部级等项目10余项。发表学术论文10余篇,参与撰写专著与教材多部,获得国家发明专利与软件著作权授权10余项。

总序

　　近年来,"智能制造+共融机器人"特别引人瞩目,呈现出"万物感知、万物互联、万物智能"的时代特征。智能制造与共融机器人产业将成为优先发展的战略性新兴产业,也是中国制造 2049 创新驱动发展的巨大引擎。值得注意的是,智能汽车与无人机、水下机器人等一起所形成的规模宏大的共融机器人产业,将是今后 30 年各国争夺的战略高地,并将对世界经济发展、社会进步、战争形态产生重大影响。与之相关的制造科学和机器人学属于综合性学科,是联系和涵盖物质科学、信息科学、生命科学的大科学。与其他工程科学、技术科学一样,它也是将认识世界和改造世界融合为一体的大科学。20 世纪中叶,*Cybernetics* 与 *Engineering Cybernetics* 等专著的发表开创了工程科学的新纪元。21 世纪以来,制造科学、机器人学和人工智能等领域异常活跃,影响深远,是"智能制造+共融机器人"原始创新的源泉。

　　华中科技大学出版社紧跟时代潮流,瞄准智能制造和机器人的科技前沿,组织策划了本套"智能制造与机器人理论及技术研究丛书"。丛书涉及的内容十分广泛。热烈欢迎专家、教授们从不同的视野、不同的角度、不同的领域著书立说。选题要点包括但不限于:智能制造的各个环节,如研究、开发、设计、加工、成形和装配等;智能制造的各个学科领域,如智能控制、智能感知、智能装备、智能系统、智能物流和智能自动化等;各类机器人,如工业机器人、服务机器人、极端机器人、海陆空机器人、仿生/类生/拟人机器人、软体机器人和微纳机器人等的发展和应用;与机器人学有关的机构学与力学、机动性与操作性、运动规划与运动控制、智能驾驶与智能网联、人机交互与人机共融等;人工智能、认知科学、大数据、云制造、物联网和互联网等。

　　本套丛书将成为有关领域专家、学者学术交流与合作的平台,青年科学家茁壮成长的园地,科学家展示研究成果的国际舞台。华中科技大学出版社将与施普林格(Springer)出版集团等国际学术出版机构一起,针对本套丛书进行全球联合出版发行,同时该社也与有关国际学术会议、国际学术期刊建立了密切联系,为提升本套丛书的学术水平和实用价值,扩大丛书的国际影响营造了良好的学术生态环境。

　　近年来,高校师生、各领域专家和科技工作者等各界人士对智能制造和机器人的热情与日俱增。这套丛书将成为有关领域专家学者、高校师生与工程技术人员之间的纽带,增强作者与读者之间的联系,加快发现知识、传授知识、增长知识和更新知识的进程,为经济建设、社会进步、科技发展做出贡献。

　　最后,衷心感谢为本套丛书做出贡献的作者和读者,感谢他们为创新驱动发展增添正能量、聚集正能量、发挥正能量。感谢华中科技大学出版社相关人员在组织、策划过程中的辛勤劳动。

华中科技大学教授

中国科学院院士

熊有伦

2017 年 9 月

 前言

　　智能制造装备是指具有感知、分析、推理、决策、控制功能的制造装备,是智能制造系统的关键单元,它体现了先进制造技术、信息技术和智能技术的集成和深度融合。滚动直线导轨、滚珠丝杠等条形基础功能件是制造装备的核心部件,随着我国制造业的高速发展,对滚动直线导轨、滚珠丝杠等条形基础功能件的性能与加工精度提出了更高的要求。

　　数控矫直技术是提升条形基础功能件直线精度的关键技术。本书基于智能技术,以数控矫直机为例,着重阐述了数控矫直工艺及应用技术,总结了面向智能制造的数控矫直智能装备在设计和应用方面的研究成果。全书共六章。第1章为绪论,主要介绍了智能装备技术现状及数控矫直的目的和意义,以及数控矫直加工技术的现状,并对数控矫直工艺及其智能化技术进行了简要介绍。第2章主要介绍的是数控矫直机理,主要包括数控矫直过程基本理论,结合弹塑性理论、回弹控制、弹塑性弯曲和矫直试验、有限元分析等内容,以及矫直行程计算方法。第3章主要介绍数控矫直工艺设计,主要包括数控矫直加工过程的设计策略、数控矫直加工工艺流程设计以及工件进给自识别方法。第4章主要介绍数控矫直智能装备的感知装置设计,主要包括数控矫直智能装备的感知装置需求分析,位置感知、力感知、温度感知和振动感知装置设计,以及直线度测量装置设计。第5章主要介绍数控矫直过程中的智能化技术,主要包括数控矫直智能装备对工件材料性能参数的识别、数控矫直智能装备的智能控制与补偿技术,以及数控矫直过程的误差检测与智能补偿等内容。第6章主要介绍了数控矫直智能装备的设计及应用,主要包括数控矫直智能装备的设计要求、数控矫直智能装备的总体结构设计及各组件的设计原则,以及数控矫直智

数控矫直技术及智能装备

能装备的控制系统设计方法(包括硬件与软件系统部分),重点分析了数控矫直智能装备的应用实例,并以卧式和立式金属条材数控智能矫直机为例,介绍了智能装备的功能分析、组成、方案设计及控制系统实现,以及相应的智能控制策略与算法。

本书结合数控矫直技术及其应用,围绕先进制造技术、信息技术和智能化技术的集成和深度融合展开阐述,适合作为研究数控专用及通用机床智能化的设计、普通及数控机床的智能化改造、机械 CAD/CAM 技术应用等的科研人员和工程技术人员的参考书,同时也适合作为高等院校相关专业的本科生以及研究生的专业教材或参考书。

本书是作者团队近年来深入学习和研究数控矫直技术及其智能装备相关应用的成果的总结。撰写本书的目的,是让读者对数控矫直工艺以及智能化相关技术有一个全面的了解。在写作过程中,考虑到数控矫直对象种类繁多,选择了在装备制造业广泛应用的条形基础功能件为主要研究对象,对数控矫直工艺和相关装备做出了详细的阐述,并对现代数控机床的智能化进行了有益的探索。本书主要由卢红、凌鹤撰写。张永权参与了部分章节的撰写和修订工作,马明天参与了第 4 章内容的撰写工作。杨永飞、郭泽兴、连洋等参与了部分图例的绘制工作,同时,张潇、何谦、王冠、冯婧婷、刘健、高圣、魏钦玉等也承担了与本书相关的一些工作,在此对他们表示感谢。

本书相关研究得到了国家自然科学基金(No.51275372,No.51505355,No.51675393)、湖北省技术创新专项(No. 2017AAA111)、湖北省自然科学基金(No. 2014CFB184,No. 2013CFB353)和武汉市科技攻关计划项目(No. 2017010201010138,201110921299)资金的资助。另外,在写作过程中我们参考了大量的相关书籍和文献,在此向这些书籍和文献的作者致以诚挚的谢意。华中科技大学出版社对本书的出版给予了极大的支持,在此深表感谢。

由于智能制造装备设计的理论与方法还处在不断的发展与完善过程中,且作者的水平有限、经验不足,本书难免存在不妥和错误之处,恳请读者批评指正。

卢红　凌鹤
2019 年 10 月于武汉

目录

数控矫直技术及智能装备

第1章
绪论

1.1 智能装备技术现状及数控矫直的目的和意义

1.1.1 数控加工机床及智能装备的现状与发展趋势

制造业是立国之本、兴国之器、强国之基。新技术的发展,使国际分工出现了新的变化,制造业因而面临新的机遇和挑战。随着比较优势的逐步转化,国际分工新格局逐步形成,将使各国在全球制造体系中的地位发生动态调整,并使全球制造业版图发生重构。同时,新一轮世界工业革命浪潮来袭,其核心是智能制造。2008年以来,发达国家纷纷制定"再工业化"战略,如德国的"工业4.0"、美国的"先进制造业国家战略计划"、法国的"新工业法国"计划等,力图推动中高端制造业回流国内,以挽救产业结构空心化态势,占据全球制造业核心地位。

装备制造业作为整个制造业的基础和核心,不仅仅是为下游行业提供技术和装备支持的基础性、战略性产业,更是实现产业结构调整和技术升级的主导产业,因此,装备制造业被视为制造业的核心,是工业化之母,是高新技术产业之根[1]。在我国,装备制造业作为国家支柱产业,近年来得到很大的发展。自2003年起,我国已经成为世界上最大的机床消费和进口国,近年来数控机床年复合增长率已经接近40%。随着汽车、航空航天和船舶等工业的发展,超高速切削、超精密加工等技术的应用,柔性制造系统的迅速发展和计算机集成系统的不断成熟,人们对数控加工技术的要求也越来越高。

目前,中国虽然已经是机床生产大国,但一直受制于国际技术壁垒,尚未成为机床的生产强国。根据国家统计局的统计数据[2],中国数控金属切削机床产量在2004年为5.1万台,到2016年已增长至67万台,预计到2021年将超过85万台。数控机床产量从2004年的11%提升至2014年的38%,产值数控化率从 2004 年的 27％提升至 2014 年的 61％[3-6]。有数据显示,到 2016 年底金属切削机床产值数控化率为 64％。尤其值得关注的是,目前发达国家数控机床产量数控化率的平均水平在 70％以上,产值数控化率在 80％～90％之间。虽然机床行业的产量数控化率正在逐年提高,但是我国制造业从整体上来说数控化程度与数控化率仍然较低,制造装备的智能化尚处在研究和探索阶段,中国数控加工机床及智能装备的发展尚具有较大潜力。

同时,装备制造行业与固定资产投资密切相关,每年固定资产投资中约有 65％用于购买机床装备。而第二产业的各个领域都需要用到数控机床,例如大型核电机组、大型化工设备、大型铁路建设、国防军工等行业都需要用到数控机床与装备。特别是航空航天、船舶、汽车领域,预计到 2020 年,高档数控机床的装备率将达到 80％[2-6]。目前,我国每年消费的中高档数控机床数量在 5 万～6 万台,消费总额在 60 亿元左右,其中进口量占总量的 85％左右。可以说,我国数控机床行业具有相当大的发展潜力,进口机床装备替代空间巨大。

然而,我国装备制造业普遍自主创新能力不强,核心技术和关键部件依赖进口并受制于发达国家,产品质量问题突出,产业结构不尽合理,处于粗放型发展阶段。发达国家所出台和实施的一系列促使高端制造业回流,以及与新兴经济体争夺中低端制造业市场的战略,对我国制造业形成了极大的冲击。面对全球制造业竞争格局的重大调整、资源环境的约束和人力成本的逐渐提高等多方面的严峻挑战,我国必须要进一步推动装备制造业向高端发展,向智能制造、智能装备方向发展。

为大力提升装备制造业水平,我国提出走新型工业化道路的战略,《中国制造 2025》全面部署实施制造强国战略,这是我国实施制造强国战略第一个十年的行动纲领。围绕实现制造强国的战略目标,《中国制造 2025》明确了"高档数控机床和机器人"为十大重点发展领域之一[2]。高档数控机床作为典型的高端制造装备,是衡量一个国家的制造业发展水平的重要标志,也是国际竞争的制高点。

当前,智能制造的潮流席卷全球,世界领先的机床制造厂商都在大力研发智能装备及智能机床产品。智能化将成为高端数控机床的标志。2016 年年底,工业和信息化部发布《智能制造发展规划 2016—2020 年》,明确提出我国要推进智能制造的发展,计划到 2025 年智能制造支承体系基本建立,重点产业初步实现智能转型。

同时,智能化生产管理、软件智能化是实现智能制造的重要前提。智能化的软件系统能够将技术、销售、生产及管理的各个环节网络化,通过实现部门之间的信息共享,缩短产品生产周期,从而大幅度降低成本。

综上所述,要想实现国产高档数控机床的快速发展,以智能化带动机床装备业发展,确保《中国制造 2025》目标的顺利实现,不但需要机制和组织的保障,而且需要数控机床核心技术、智能化技术的突破和创新。

1.1.2 智能专用装备和功能部件的需求分析

智能制造装备是指具有感知、分析、推理、决策、控制功能的制造装备,它是先进制造技术、信息技术和智能技术集成和深度融合的成果,是智能制造系统的关键单元[7-9]。智能化是当前装备制造业发展的主要趋势[10],在加快国产数控机床核心技术研究的同时,抓住机床智能化发展方向对提升数控机床整体性能和促进制造业向高端发展具有重要意义。当前,需从数控机床单机智能化着手,重点研究:加工前单机的智能预测、加工工艺优化,以及如何缩短工艺辅助时间[11];加工过程中的单机运行状态实时监控、感知、智能诊断与调整,复杂工况的工艺自学习、逻辑推理、优化决策与自适应控制功能[12];加工后的在机智能检测与在线评估[13]。在单机智能技术掌握的基础上,向智能制造单元、智能生产线、智能工厂发展[14]。由于企业大数据具有巨大的隐性价值,其中包括诸多有益的工艺信息与知识,可通过生产线与大数据、互联网、云计算等现代化技术的有机结合,积极提升机床制造企业和用户的智能制造水平,实现真正的"中国智造"[15,16]。

智能专用机床作为典型智能装备载体,是应用智能化技术的专门化数控机床,能够用于特定零件和特定工序加工,以满足用户特定的加工需求。智能专用机床又是由数控专用机床进化而来的。数控专用机床是一种定制化的、满足专门功能需求的制造装备,具有高效及自动化的优点,其生产效率一般可以达到通用机床的几倍甚至几十倍之多。同时,数控专用机床兼有低成本和高效率的优点,是大批量生产的理想加工设备。随着现代制造技术和数控技术的进步,数控专用机床取得了迅速发展,在机械制造领域占据着越来越重要的地位。

目前,我国市场可提供的机床产品品种繁多、水平参差不齐。市场要求数控专用机床具有型号多、批量少、能进行二次开发等特点,同时,市场需求也决定了每一款专用机床的数控系统必须具有特殊控制功能。正因为以上原因,一般的数控机床和装备制造企业很难进行数控专用机床的开发和生产,但是具备机电一体化设计制造能力的数控机床和装备制造企业和研究机构,则拥有开发专用特殊控制功能、解决差异化需求、应用智能化技术研发智能专用机床的机遇,进而能够创造可观的经济利益和社会效益。同时,基于数控系统研发成本方面的考虑,具备二次开发功能接口和多重信号采集接口的开放式数控系统越来越受数控机床制造商和研发机构所青睐,这为依托已有数控系统提供的平台(例如西门子标准 HMI 人机接口平台)进行非标机床及专用机床再开发或者应用开放式数控系统进行现有机床的智能化改造创造了条件,能够有效地提高国产机床以及系统制造商的综合竞争力。

随着我国工业化进程的加快,装备制造业作为国民经济的支柱产业,驶入了发展的快车道,这就对作为工业母机、装备制造业基础的数控机床提出了更高的要求。高加工精度、高性能和高速度是数控机床的重要指标。目前我国的数控机床加工精度不高。从 1950 年到 2010 年的 60 年间,我国数控机床的加工精度大约提升了 100 倍,当前普通机床的加工精度基本上已达到了 20 世纪50 年代的精密加工水平。而加工中心加工典型件的尺寸精度和形位精度,国内大致为 0.008~0.010 mm,而国际先进水平为 0.002~0.003 mm,按上述统计规律分析,我国与国际先进水平的差距约为 15 年[17]。

数控机床的功能部件,如数控系统、刀库、机械手、主轴单元、滚珠丝杠和直线导轨等,是数控机床的核心部件,其性能和价格决定了数控机床的性能和价格[18],也决定着机床主机的指标和发展方向。制造装备功能部件制造能力的极度缺乏,严重影响了国产数控机床的精度和性能。

近年来,随着机床工业的发展,机床功能部件在产业规模以及品种规格方面得到了一定程度的发展。但国内机床功能部件在精度指标、性能指标以及生产企业的制造能力等方面与发达国家还存在较大的差距,很难满足机床主机的实际需求。只有在关键功能部件的精度指标和性能指标都达到要求的前提下,数控机床的加工能力和特定功能才能真正地实现。

提升数控机床加工能力和提高机床功能零部件的性能,是提高我国机床加工能力,提升我国数控机床的国际竞争力的关键[19,20]。因此,提高数控机床功能部件的制造能力,满足数控机床发展需要,进而提高数控机床性能和质量,已经成为我国机床工业发展的当务之急。

当前,我国应促进国产机床功能部件质量和产业规模的提升,提高市场占有率,满足国产中高档数控机床主机的配套需求,这已经成为行业基本共识。我们需要从国家以及行业层面来分析功能部件行业及产品存在的问题,革新制造装备基础功能件的设计和加工工艺,研发相关专用制造装备。

1.1.3　数控矫直加工的目的和意义

智能装备的发展离不开功能件的技术进步。制造装备的条形基础功能件是制造装备的核心部件,随着我国机床装备制造业的高速发展,人们对其性能与加工精度提出了更高的要求。制造装备的条形基础功能件,包括滚动直线导轨、滚珠丝杠、电机主轴和石油钻杆等,在轧制、锻造、挤压、运输、冷却等过程中常因外力作用、温度变化以及内力消长等发生弯曲或扭曲变形,为获得较高直线度成品,必须对其进行矫直处理。毛坯矫直是保证工件直线度的重要工序之一,该工序加工精度的高低决定了其后续工序的加工成本和加工效率,最终将影响到使用相应工件进行生产加工的终端——制造装备的加工性能。

矫直理论是研究矫直成形过程中工件弹塑性变形机理和各种矫直方案基本原理的一门工艺理论[21-41],矫直技术是提升条形基础功能件(直线导轨等)的直线精度的重要支承技术。矫直加工过程可分为两个阶段,即反向弯曲阶段和弹性回复阶段。在反向弯曲阶段,工件受到外力和外力矩作用,产生弹塑性变形。在弹性回复阶段,工件在其所存储的弹性变形能的作用下,力图恢复到原来的平衡状态。

目前,国内生产的矫直设备主要为应用于冶金行业、无缝钢管行业的钢管矫直机或棒材矫直机[42-59]。机床导轨、汽车、摩托车、微型电机轴、纺织罗拉轴、气动轴、铜材、直线轴等必须采用专用设备矫直。受矫直理论和技术水平的限制,矫直行程很难根据工件实际情况进行调整,设计矫直力与实际矫直力有较大的差异,并且矫直设备整体自动化控制程度不高。因此,目前我国矫直技术的发展难以满足制造装备企业对矫直设备高精度、智能化和自动化的需求。尤其是柔性精密压力矫直技术,其研发在目前仍处于空白阶段。国际上仅少数发达国家如意大利、美国等开发了此类自动化程度较高的压力矫直设备,其技术水平代表当前的先进水平。

因此,进行数控矫直加工技术及其智能装备应用研究,重点关注制造装备的核心部件,有利于提高制造装备条形基础功能件的加工精度,增强我国机床工具行业在精密机床方面的制造能力,对提高整个制造装备产业链的竞争力具有一定的现实意义。而且,条形基础功能件矫直技术可以扩展到存在多弧度初始弯曲的其他各类导轨、电梯导轨、铁路轨道、无缝钢管、油田钻杆、型钢等对称和非对称截面的金属条材工件的生产加工过程中,实现全自动高精度高柔性矫直。精密柔性矫直设备的开发,将填补国内空白,满足钢铁、冶金、汽车、机床等行业金属条材高精度高柔性矫直的市场需要。所形成的具有自主知识产权的软硬件技术及其系统,在精度上能达到国外同类产品的水平,同时价格将是国外同类产品的1/2左右。精密矫直设备的成功开发,将促进机床导轨、电梯导轨、铁路轨道、无缝钢管、油田钻杆等相关制件的精度赶超国际先进水平,并为相关产品进入国际市场奠定基础。

1.2 数控矫直加工技术概述

1.2.1 矫直方法及装备

在工业上,常用的矫直方法有反弯压力矫直法、辊式矫直法(包括平行辊矫直法和斜辊矫直法)、转毂矫直法、拉伸矫直法和拉弯矫直法等。

反弯压力矫直法指针对弯曲的金属条材,根据原始挠度的不同加以不同程度的反向弯曲,从而达到矫直的目的[39]。反弯压力矫直设备是应用压力矫直理论设计而成的,在矫直过程中,金属条材在压头与支点之间形成反弯,并不断改变矫直行程(俗称下压量),且支点距可调,保证压力集中作用在原始曲率最大处,同时金属条材能翻转角度,从而可使各种程度的弯曲挠度得以消除。由于金属条材各处的原始曲率的不同,因此可将金属条材分为若干单弧度段分别进行压力矫直。

辊式矫直法一般应用于平板类、金属型材等截面形状简单的零件,采用流水线作业,矫直效率较高。辊式矫直机主要由主传动系统、机架、压下系统、辊系、上辊平衡系统、导辊升降装置、弯辊(辊型调整)装置及换辊装置等组成[60]。国外辊式矫直设备较多,从简单的拉伸矫直机、二辊式矫直机,到多辊式矫直机、全自动辊式矫直机,种类齐全,从中厚板高温矫直到普通型材常温矫直都有相应设备。这些矫直机操控性好,加工精度高,价格昂贵。近年来,我国在反弯辊形七斜辊矫直机、多斜辊薄壁管矫直机、三斜辊薄铜管矫直机、双向反弯辊形二辊矫直机、复合转毂式矫直机、平行辊异辊距矫直机及矫直液压自动切料机研制等方面相继取得一定的成功,这些矫直装备专业化程度高,但是适应性差,当产品发生变化时,装备的结构形式需要进行较大的改变,而且生产线几乎要重新构建。

采用拉伸矫直法的有普通拉伸矫直机和高温拉伸矫直机。普通在线拉伸矫直机主要适用于常用轻金属型材,尤其是铝型材的拉伸矫直,其长度较长,需要拉伸的力量较小。中厚板一般采用高温拉伸矫直机矫直[61,62]。

相对于其他矫直方法,反弯压力矫直法具有矫直力大、精度可控性高、加工柔性好等特点,可广泛应用在大型管、棒材,非对称截面型材,机床滚动导轨,电梯导轨,无缝钢管,油田钻杆等具有特定截面形状和特定功能的条形零件的矫直工序中。

但是,长期以来,在压力矫直中通常是由工人凭经验来估计矫直行程,对工件进行反复测量和试矫的,这样不仅效率低,劳动强度高,而且不易保证精度,工件的综合性能也易受影响[63,64]。随着自动化技术、测试技术和计算机技术的飞速发展,压力矫直设备正逐步向着数控化、柔性化、自动化和智能化方向发展。

自 20 世纪 70 年代起,发达国家就开始投入大量的人力、物力开展自动化精密矫直技术研究工作。意大利、德国、日本、美国等少数发达国家先后研制出各具特点的全自动精密矫直机,如意大利 GALDABINI 公司、德国 MAE 公司、美国 EITEL 公司、日本东和精机株式会社开发出的自动矫直机等。意大利 GALDABINI 公司开发出的矫直机主要针对异型截面零件的矫直,其中 FLANK 型自动矫直机(见图 1-1)和 STEP 系列卧式矫直机(见图 1-2)适用于各类管状零件的矫直。FLANK 型自动矫直机采用激光检测技术,能完整地测量加工工件弯曲状态,精度较高。它的全自动化循环工作系统将裂纹检测装置、工件分类装置、清理装置、打印标志装置和上下料装置结合为一体,能自动记录生产过程中的重要数据,实现了全自动矫直。德国 MAE 公司设计开发的 ASV 系列矫直机(见图 1-3)主要用于管材、铁轨、轴类等大型长条形工件的矫直。它采用 C 形紧凑式结构,可在工件后侧沿工件全长移动,方便匹配多种上料方式,可以实现以工件两端为基准的分段式在线测量和自动矫直,矫直精度可达 0.01 mm。日本东和精机株式会社自成立以来就致力于矫直机的开发,其采用法兰克 CNC 系统和伺服驱动器,现已开发出多种手动和自动液压式矫直机。由于全自动矫直机增加了精确测量装置、自动送取料装置和计算机控制系

图 1-1 FLANK 型自动矫直机

统,因而加工效率和精度明显提高,具体表现为自动化和智能化程度高、测量精度高、生产效率高等。当前在一些发达国家矫直技术已经发展到了一个较高的水平,但是由于技术保密等方面的原因,目前能够在国内获得关于其矫直技术的资料较少。

图 1-2　STEP 系列卧式矫直机

图 1-3　ASV 系列矫直机

国内对矫直技术和矫直设备的研究相对国外而言起步较晚,但是经过最近几十年的不断实践,我国已研发出了具有自主知识产权的矫直设备,具有代表性的有:文献[65]报道的轴类零件全自动矫直设备——YH40-160 型曲轴精密矫直液压机,矫直精度达 10～20 μm,可有效保证测量精度达 5 μm;文献[66]报道的 10 MN 液压压力棒材矫直机组,针对以前压力矫直机的缺点采用了三维扫描检测、跟随式检测机构,以及矫直专家系统等技术,使压力矫直机得以融入连铸或锻造生产线,成为在线生产设备,该机组可以矫直 ϕ300 mm 以下的棒材或锻件;文献[67]报道的 C 形自动矫直机测量精度为 ± 5 μm,矫直精度可达 0.02～0.10 mm,其动力源既有传统的液压装置,也有可控精度较高的机电伺服系统。图 1-4 所示为长春机械科学研究院所开发的液压式管材矫直机,其可实现液压伺服随动加载控制,并实现工件的自动旋转和测量,其在 500 mm 长度内的矫直精度能够达到 0.1 mm,矫直效率可达60～120 件/时。从整体上来说,国

图 1-4　管材矫直机

内压力矫直加工的自动化水平不高的现状依然存在,而且大多数中小型企业仍在采用手动矫直机完成精矫工艺,矫直工艺参数确定极大地依赖工人的操作经验,无法保证较高的矫直精度。

1.2.2 矫直基本理论研究

依据常用的矫直加工工艺和加工工件的特点,无论是辊式矫直加工还是压力矫直加工,其矫直基本理论研究都是围绕着金属条材的弹塑性变形展开,主要是根据金属条材的弯曲特性,分析矫直对象的挠度,得出相应的矫直行程,即得到弯曲挠度与矫直行程之间的耦合关系,建立挠度-矫直行程数学模型。

总而言之,对于以矫直成形加工为主要手段的矫直技术,目前主要是针对在矫直过程中的矫直行程、在弹性变形到塑性变形之间材料发生的变化、实际建模中材料的屈服准则和强化模型、矫直工作原理和工艺流程、材料性能参数的确定和弯曲加载的控制方法等展开研究。主要研究内容如下。

1. 基于弹塑性理论的计算方法

以传统的材料力学和弹塑性力学理论为基础,对实际矫直对象进行一定的简化,依据平截面假设、连续均匀和各向同性假设,推导建立矫直行程预测的数学模型,从而获得矫直行程的理论计算公式。其优点是计算速度快,能够达到一定的计算精度。崔甫[39,40]在这方面进行了较为系统化的研究,形成了系列完整的理论,奠定了压力矫直工艺研究的理论基础。其常用的方法是:先确定零件的材料和截面形状,然后根据载荷与挠度的关系,建立矫直过程的理论模型,最后得到矫直行程与工件挠度之间的关系。在此基础上,崔甫、施东成[41]为满足精确化设定矫直机矫直行程的需要,提出了一种解析方法和数值方法。其在大挠度压弯时把弹复挠度与残留挠度分开计算,在计算残留挠度时,将弹复挠度作为假想外力作用所产生的等效挠度,再将此等效挠度分为弹性挠度与弹塑性挠度使用数值积分法计算,获得了相当精确的结果。同样,钦明浩等人[63,64]也通过建立变形挠度与弯曲曲率的关系,获得矫直挠度方程,来进行矫直行程的计算。蒋守仁、翟华等人[68,69]在此基础上,通过对参数进行转换,提出了一种基于行程控制的计算方法。李骏等人[70]针对轴类零件,基于弹塑性力学建立了矫直过程数学模型,并应用了多种方法去验证该模型。周磊、余忠华[71,72]根据弹塑性理论,建立了 T 形电梯导轨翘曲变形矫正的载荷-矫直行程模型,在一定程度上解决了异形截面的矫直行程预测的问题。

对于一些形状比较复杂的零件,以及由于热处理作用材料性能有所变化的零件,必须通过试验对部分参数加以修正。同时,由于在理论计算时对材料的力学模型做了相应的简化,而实际情况较为复杂,理论计算的精度受到一定的限制。

2. 基于有限单元法的计算方法

随着有限单元法和有限元软件的不断完善和成熟,有限单元法在各领域得到广泛应用,矫直过程的有限元分析逐渐成为研究热点。应用非线性有限元软件,对矫直对象进行数值模拟,精确计算零件的弹塑性变形,可以得出较为精确的矫直行程。通过建立三维有限元模型,可以全面仿真矫直时残余应力和应变的变化,分析内应力的分布及其对性能的影响。钦明浩等人[73]引入非线性有限元法与弹塑性理论对压点式反弯压力矫直理论进行研究,提出了精度较高的压点式矫直行程的确定方法。李骏等人[74]建立了压力矫直过程的载荷-挠度模型,阐述了用 ANSYS 有限元软件建立载荷-挠度模型的方法和步骤。使用该模型可进行矫直行程的计算,解决了有限元方法在自动矫直机上的应用问题,可保证计算结果具有足够的精度;同时,其还提出了一种基于矫直过程数学模型的行程计算方法,在弹塑性力学的理论基础上,假定材料为理想弹塑性应力应变模型,推导建立了轴类零件矫直过程的数学模型,并阐述了其在矫直行程计算上的应用。郭华等人[75,76]采用复合矫直技术,并借助 MSC. Marc 有限元软件建立了 PD 360 kg/m 钢轨矫直过程的三维弹塑性分析模型,计算出了其矫直压力,计算结果与现场实测结果误差在 10.9% 以内。王会刚等人[77,78]主要针对 H 型钢进行研究,分析了关键工艺参数——可调辊压下挠度的传统解、工程解和精确理论解,建立了 H 型钢压下的实体模型和有限元模型,在综合考虑各种非线性的情况下对矫直过程进行了数值模拟,并对比了其解析解和数值解。此外,进一步应用有限差分法,结合符合实际的力学模型,给出了一种求解压弯挠度的实用方法。刘炳新等人[79]针对工字钢,提出对于各可调辊的压下挠度,可忽略腹板的影响而按翼缘组成的"矩形"断面来进行求解。通过建立适当的有限元模型,运用 ANSYS 软件仿真了考虑腹板和不考虑腹板的情况,验证了理论结果的正确性。另外,盛艳明、李骏[80]针对钢轨,张洪伟等人[81]针对航空构件,采用有限元法建立模型来验证了其理论模型。

非线性有限元法用于矫直行程计算,进行数值模拟时,有相对较高的精度,几乎任何截面的零件都可以计算,适用范围广。但是,由于在实际的仿真模拟计算过程中缺乏具有足够针对性的专门化的矫直过程数值模拟软件,而通用化有限元仿真软件在设计上存在缺陷,导致计算一次所需的时间较长,因此非线性有限元法只适用于单个零件矫直计算,对于大批量零件的高速矫直,必须针对不同材料、不同截面、不同热处理的零件预先计算出一张插值表,因而计算工作量较大。

3. 基于经验的计算公式

金属条材矫直效果的主要影响因素包括截面形状、材料弹性模量与屈服强度、弯曲程度和条材长度等,其中最主要的影响因素是截面形状、材料弹性模量与屈服强度。但是就同批同种类型的零件而言,由于其材料特性、几何特性、加工和热处理工艺是基本相同的,矫直行程存在一定的规律性。因此,根据大量的实际矫直试验数据,进行分析与数据拟合,可以提出一些经验公式及矫直行程与挠度的关系曲线[82]。实际矫直加工时,可以依据此经验公式和关系曲线对矫直行程进行计算。显而易见,基于经验的计算方法通用性不强,对于加工对象变化比较频繁的情况,应用范围受到较大的限制。

4. 基于弯曲回弹的计算方法

长期以来,人们通过理论分析和计算、弯曲试验和有限元分析等方法对弯曲回弹过程进行了大量的研究。

有限单元法在分析复杂形状及非线性材料等方面具有较大的优势,但接触条件、模拟参数的选择会影响其分析结果的精度,特别是在工件的回弹预测方面,分析结果的精度尚未满足应用要求[83]。

采用试验方法来进行弯曲回弹预测具有相对较高的精度,但试验周期一般较长,且试验代价不菲。对于一些弯曲加载结构和边界条件较为简单的弯曲成形加工过程,采用理论计算方法更具有优势。

在理论研究中,经典的弯曲回弹预测模型是以简单的纯弯矩和弹性卸载理论为基础建立起来的[85,86],其后续的研究工作重点集中在进一步细化材料模型[87],考虑多种受力状态及复杂的加载历史的回弹模型等方面[88-92]。

影响弯曲回弹的因素有很多,如模具形状结构以及几何参数、材料力学性能参数,具体包括弹性模量 E、屈服强度 σ_s、刚度系数 k、硬化指数 n、相对曲率半径 ρ/t、弯曲角 α、弯曲力 P、工件与模具表面之间的摩擦系数 μ、变形区的影响等[81]。目前,现有的弯曲回弹计算模型大多数均未考虑模具的形状结构和几何参数、摩擦系数及变形区对回弹的影响。

1.3　数控矫直工艺及其智能化技术概述

数控矫直技术研究主要包括两方面的内容,一是矫直工艺理论的研究,二是矫直设备的研究与开发。数控矫直技术的发展与矫直理论研究是分不开的。

首先需要建立完善的矫直理论模型,然后制定出适应该矫直理论的矫直工艺原理和矫直工艺流程,进而研发以此为基础的矫直设备。数控矫直加工是基于数控矫直机理,结合数控矫直工艺流程而实现的装备设计和制造环节。上文所提到的各研究机构所研制的矫直设备反映了矫直理论的研究水平和矫直设备的设计水平。

崔华青、翟华[65]所设计研发的曲轴精密矫直液压机采用 C 形机身,采用单一压头和移动工作台,且工作台由固定工作台和移动工作台组成,动力系统是液压系统,采用精密伺服控制系统来调整矫直行程,加工对象包括曲轴、罗拉轴、阶梯轴等回转体零件。设计加工的零件最大直径为 160 mm,最大长度为 3000 mm。文献[66]所介绍的 10 MN 液压压力棒材矫直机的主机为三梁四柱立式油压机,动力系统也为液压系统,电控系统采用 PLC 控制,可加工工件直径不大于 300 mm,长度在 5~13 m。该机采用的仍旧是辊式矫直方式,矫直行程可精确控制,效率要高于三点反弯压力矫直方式。文献[96]报道的 ASC-Ⅱ型自动轴类矫直机机身结构有 H 形和 C 形两种,且这两种结构的矫直机均是应用三点反弯压力矫直法进行加工的,其加工工件的尺寸范围受工作台大小的影响较大。

就目前的矫直工艺和设备的发展现状而言,加工的效率和精度难以兼顾,辊式矫直加工效率高,但是矫直行程调整范围小且难度大,无法逐段根据测量结果来调整矫直行程,只可应用于粗加工。

三点反弯压力矫直相对加工效率低,但是精度可控性好,可应用于精密矫直。同时,三点反弯压力矫直存在加工零件的外形尺寸适应性方面的问题。对于轴类零件,一般是采用双顶尖形式装夹[53],加工零件的长度受设备尺寸的限制。辊式矫直由于可采用连续输送的进给方式,因此在长度方面的适应性较好。结合辊式矫直和三点反弯压力矫直的优点,综合考虑连续输送和逐段矫直的加工方式,提高矫直加工设备矫直效率和矫直加工精度是当前的研究方向。

同时,智能制造装备应具有感知、分析、推理、决策、控制功能。本书所研究的智能装备是基于数控矫直工艺的智能装备,希望能应用先进的制造技术、信息技术和智能设计技术对现有的矫直加工装备进行集成和融合,以提升矫直加工精度。研究主要集中于精确材料性能参数的获取、矫直行程加载过程的精确控制,以及矫直误差补偿。数控矫直工艺主要涉及以下几种关键智能化技术。

1. 材料性能参数识别

在矫直过程中,工件的几何参数和初始变形量是已知的,压头下压过程中的载荷和工件变形量可以实时测量,但工件的材料、热处理、使用变形情况的差异,导致材料性能参数有波动或者是未知待定的。精确的工件材料性能参数是建立精确矫直行程预测模型的前提。获取精确的材料性能参数如弹性模量、屈服强度等,可以减小或者基本消除材料性能参数波动对矫直行程预测计算的影响,也可以扩大矫直设备的应用范围,尤其是对于材料性能参数未知,且在使用过程中存在冷作硬化或者发生包申格效应的工件也能够较准确地预测其矫直行程。

材料性能参数的在线识别技术是一种可用来获取精确材料性能参数的技术。材料性能参数在线识别是指利用特定的特征识别算法,对通过实时在线监测手段获得的工件加工过程中的特定数据进行分析处理,以提取特征信息,并获取关键的参数信息的过程[97]。

目前,材料性能参数的识别方法有很多种,其中大部分来源于板材弯曲成形智能控制中的参数识别研究[98-107]。矫直工艺与板材弯曲成形中的材料性能参数识别一般都依据弹塑性弯曲过程中载荷-矫直行程曲线的初始阶段数据。但矫直工艺与板材成形的区别主要在于弯曲程度不同。板材成形厚度尺寸较小,弯曲程度大,弯曲过程的载荷-矫直行程曲线中的初始阶段数据含有能够充分地反映材料性能特征的信息,数据差别明显,易于进行参数识别。而矫直工艺过程中的弯曲属于小变形的弹塑性弯曲,弯曲的程度小,在矫直过程中又要求尽可能早地对材料性能参数进行在线实时识别,以便于矫直行程的预测计算。材料性能参数在线实时识别的难点在于弯曲过程中载荷-矫直行程曲线初始阶段的数据反映材料性能的特征信息不显著。

基于启发式算法、基于数据库和基于神经网络算法的识别方法具有一定代表性。启发式算法是现今较为热门的一种解决多目标优化问题的计算方法,常用的启发式算法有贪婪算法、遗传算法、蚁群算法、禁忌搜索、模拟退火算法、进化算法和量子算法等。文献[106]介绍了一种基于梯度信息的混合算法,该算法在性能参数识别方面有较好的效果。

严格来说,神经网络算法也可以算是启发式算法的一种,也是目前在性能参数识别过程中应用最多的算法。神经网络算法的优势在于可描述多元输入参数对多元输出参数的内在影响规律,具有充分逼近任意非线性映射的能力,能够学习并适应系统的严重不确定性和变化特征,所以非常适用于材料性能参数的识别。但是,随着输入参数的增多,神经网络趋于大型化,将造成系统误差增大,系统学习训练时间明显增加,识别时间延长,用于在线识别有一定的困难。同时,神经网络算法还存在泛化能力的问题。文献[98]引入 Levenbery-Marquara(LM)算法和在泛化过程中采用平均值和去除奇异数据的方法来减小识别误差,取得较好的效果。材料性能参数识别的难点在于如何保证算法的实时性和适应性,以及如何在可以接受的时间内完成指定材料性能参数的识别。

2. 矫直智能控制技术

矫直智能控制技术包括矫直加载和进给控制等技术。矫直加载的动力源主要有液压系统和电伺服系统[108-147]。液压系统采用伺服控制之后,其控制精度基本上可以满足矫直行程控制的要求。目前,关于矫直加载方式的研究尚不多见,柯尊忠、翟华[108]通过研究多次多点的矫直过程,考虑反复矫直弯曲的包申格效应,提出了基于滚动优化的实时预测控制方法。Takaaki 等人[109,110]采用无缝管压力矫直的实时控制系统在线测量压力和变形量,计算弹性回弹量,达到了矫直控制的目的。Kim 等人[111]提出了一个多步矫直控制系统,该系统依据载荷-挠度模型,能够在线识别材料的性能参数、在线预测回弹和实时液压控制,并采用了模糊自学习的方法来实现多步矫直的控制。翟华等人[112,113]针对特殊工件的加载方式进行了讨论,以控制算法的形式来提高矫直加工的适应性,进而在提出了一种基于广义预测多步矫直加载算法,实现了对轴类零件弹塑性非线性残余变形的均匀控制[114]。

矫直控制方法是提升矫直加工精度的关键之一。实现材料性能参数的在线测量和识别,结合人工智能技术和数据挖掘技术有效地提高矫直加工精度是矫直过程优化控制技术的发展方向。

3. 基于神经网络的矫直专家系统

压力矫直技术的核心内容和难点就是矫直行程的精确预测,工件被矫直的精度也直接取决于矫直行程预测精度。而对于基于弹塑性理论的矫直行程预测,还存在理论计算预测矫直行程准确性的问题。由于采用传统材料力学及弹塑性理论的矫直行程计算具有很大的局限性,如计算公式的简化,以及借助一定的假设条件等等,都会使其计算结果不够精确,需要通过多次操作才能完成矫直,甚至不能矫直,效率较低。

同时,由于矫直工艺的特点,数据库技术在自动控制矫直机上的应用是必不可少的。矫直对象种类多,工件形状、材料、加工方式等都不相同,会导致得到的各种参数的计算结果也大不相同,在这种情况下,采用数据库或专家系统就非常合适。许多全自动矫直机的控制系统中都采用了专家系统,或尽可能地将不同种类的零件相关参数和信息存入已建立的数据库中,以提高矫直机的智能化水平。吴贤军[150]尝试在曲轴滚压矫直中应用神经网络专家系统,通过一系列的努力,提出了曲轴滚压矫直的神经网络专家系统的设计方法,建立了此系统的主要结构,列出了系统中可能会出现的一些技术问题,并给出了详细的解决方案。此外,还通过对 BP 网络训练样本的实例的分析,确定了实现神经网络专家系统关键所在。

翟华等人[148]介绍了轴类零件的矫直工艺 CAM 系统,该系统主要由矫直技术数据库和行程控制矫直计算模块两部分构成。数据库主要包含矫直零件的有关信息,如零件几何尺寸、工件材料参数,并能为每类零件指定唯一的零件编号。在矫直过程中,矫直工艺 CAM 系统可以根据唯一的零件编号查询数据库零件信息,并将所有参数输入行程控制矫直计算模块中,经过计算获取矫直行程。董丽萍[149]基于钢板矫直过程复杂,并且大量问题具有明显的经验性、模糊性和不确定性的现实,提出将操作者和工程师的知识与数学模型有机地结合起来,并由此开发出了钢板矫直专家系统。

4. 数控矫直过程的误差检测与智能补偿

为了有效地提高各种精密制造设备的加工精度,各国的学者们做了大量、深入的研究,其中最主要的措施之一是采用误差补偿技术来提高制造设备的精度[151]。误差补偿的优点在于,它能以很小的成本使设备达到通过提高硬件精度难以达到的精度水平。

国外对系统误差补偿的研究起步较早。最早涉及机床设备误差补偿的研究可以追溯到 20 世纪末,随后开始了许多相关的研究[152-160]。误差补偿技术的发展过程也是数控设备精度逐步提升的过程。

目前最常用的是齐次坐标变换矩阵建模方法,采用该方法能够补偿加工中心非刚体运动误差的影响;综合最小二乘法和正交试验设计建模,能够大大提高模型的鲁棒性和通用性;考虑温度影响的误差补偿模型,可以对不同温度下的数控装备的误差进行测量和补偿。也有学者考虑了力的误差,并进行相关补偿。

虽然国内关于加工设备误差补偿方面的研究起步较晚,但近年来,许多研究机构和高校进行的相关研究也取得了丰硕的成果[161-167],主要研究内容包括:机床热误差的补偿及坐标测量机误差补偿;动态测量误差修正灰色建模理论,动态测量实时误差修正;引入人工自适应神经网络模型补偿数控机床几何误差;等等。

综观目前国内外的矫直技术的应用,一部分集中于型钢、重轨等截面较为

 数控矫直技术及智能装备

规则的金属条材,出于矫直效率的考虑,它们基本上采用辊式矫直法进行加工,虽然相关理论尚未完善,但是矫直加工精度基本上能够满足实际的需要。对回转体轴类零件的矫直理论和试验研究也是近来的热点问题,取得了一定的成果。学者们主要是从矫直行程计算理论、矫直工艺优化方法和现有设备分析等三个方面对其开展研究,其中精密矫直理论模型的建立仍旧是难点。在这方面研究中存在的问题是,矫直行程计算太注重理论分析,对实际矫直过程中遇到的问题和材料的非均匀性考虑得不够,实用化程度不高;同时,尚没有专门针对制造装备和系统中条形基础功能件的成熟矫直控制策略和技术,其还有待于进一步研究。

在条形基础功能件精密矫直的复杂过程中,如何准确描述材料的非线性特性,如何建立非规则截面零件的数值模型,提高数值模拟精度和回弹预测能力,以此来准确计算矫直行程,控制矫直成形的精度,以及如何在线识别材料性能参数等,这些都是实现高精度矫直需面对的难点问题。同时,在矫直过程中,曲率较大处的材料可能会经过多次弯曲和反向弯曲,为了实现精确的行程预测,对材料在循环载荷作用下的力学特性也必须予以考虑。

1.4 本章小结

本章介绍了智能装备技术的研究现状,分析了数控加工及智能装备的现状与发展趋势,对数控矫直加工的目的和意义进行了相应的阐述。对数控矫直加工技术进行了总体概括,介绍了矫直加工方法与矫直基本理论的研究现状;介绍了数控矫直工艺的重点和难点问题,以及当前智能化技术的发展情况。

第 2 章
数控矫直机理

三点反弯压力矫直法是数控矫直的常规方法,能够精确控制矫直行程,其加工精度要优于其他矫直方法。在金属条形工件矫直过程中,关键是建立起工件初始挠度、矫直载荷、矫直行程和支承跨距之间的数学关系,在已知工件材料、截面形状和弯曲程度的情况下,得到在特定支承跨距下的矫直行程。同时,应考虑工件弹塑性变形后期工件材料所发生的变化。本章将从弹塑性理论入手,阐述矫直机理,讨论各种数控矫直行程计算方法。

2.1 数控矫直过程基本理论

2.1.1 数控矫直过程概述

反弯压力矫直工艺的力学理论基础主要是材料力学和弹塑性力学。具有初始弯曲量的金属条形工件在矫直载荷的作用下会发生变形。只有当金属条形工件的反弯变形量足够大,进入塑性变形范围内时,才能通过反弯操作达到矫直的目的。在矫直过程中,工件变形是一个弹塑性变形过程。一般来说,可以把矫直加工过程分为三个阶段:弹性变形阶段、弹塑性变形阶段和弹性回复阶段。

将金属条形工件的反弯压力矫直简化为材料力学中的两端简支、中间加载的三点弯曲,如图 2-1 所示。对具有单弧度的工件,在矫直时,根据其最大挠度

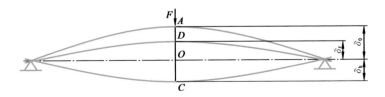

图 2-1 反弯矫直过程

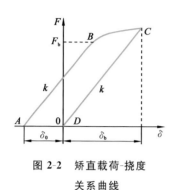

图 2-2　矫直载荷-挠度
关系曲线

的位置,进行两端简支,其中点为矫直载荷加载点。设工件的初始挠度为 δ_0,矫直载荷为 F,反弯变形量为 δ_b,残余挠度为 δ_r。

第一阶段:工件在矫直载荷 F 的作用下发生弹性变形,初始挠度 δ_0 减小,如果在材料的弹性极限内卸载,工件将发生弹性回复,依据胡克定律,其卸载时的应力与应变成正比,与加载时一致。在此阶段进行矫直加工,工件的直线度将不发生变化。此阶段为弹性变形阶段,对应图 2-2 中 AB 段。

第二阶段:在矫直载荷 F 的作用下,工件应力超过材料的弹性极限,进入弹塑性变形阶段,此时应力与应变之间的关系为非线性关系。继续加载到材料发生屈服(不同的材料服从不同的屈服准则),工件发生塑性变形。矫直过程中工件的直线度变化主要是发生在这一阶段,即发生弹塑性变形至达到强度极限。弹塑性变形阶段对应图 2-2 中 BC 段。

第三阶段:在卸载过程中,由于弹塑性阶段材料所发生的塑性变形是永久变形,卸载后工件变形无法回复,而弹性阶段的变形可以回复,因此卸载过程中的应力和应变也遵循胡克定律,呈线性关系,如图 2-2 中 CD 段所示。

当工件发生弹性回复、残余挠度为零时,即完成一次矫直操作。

在反弯压力矫直加工过程中,工件的初始挠度 δ_0 是已知条件,可以通过测量得知,矫直行程是未知条件,需要根据工件的材料性能参数、截面形状和加载情况来获得。矫直理论研究的目的就是要通过已知的初始挠度,得到相应的矫直行程。一般基于材料力学和弹塑性力学的理论,引入中间量——矫直载荷来进行分析。因此,在建立挠度-矫直行程数学模型之前,需要建立挠度和矫直载荷的数学关系模型来描述反弯矫直过程。

矫直载荷 F 与挠度 δ 的关系曲线如图 2-2 所示。如前所述,AB 段对应弹性变形阶段,BC 段对应弹塑性变形阶段,CD 段对应弹性回复阶段。AB 段和 CD 段直线的斜率是相等的,符合胡克定律和卸载规律。B 点为弹性极限点,此点对应的矫直载荷为 F_b。矫直行程为 $\delta_\Sigma = \delta_0 + \delta_b$。

在矫直过程中,具有初始挠度 δ_0 的工件在矫直载荷的作用下,挠度 δ 逐渐减小,当 $\delta = 0$ 时,工件的直线度为零,处于弹性变形的状态。随着矫直载荷的不断加大,矫直行程也不断加大,工件产生反弯变形,变形量为 δ_b。材料进入弹塑性变形阶段后,挠度和载荷的关系非常不稳定,呈曲线,如图 2-2 中 BC 段曲线所示。加载到 C 点,反弯变形量 δ_b 达到最大值,此时的矫直载荷小于使工件破坏的极限载荷。卸载后,工件发生弹性回复,若回复量等于反弯变形量 δ_b,即残余挠度 $\delta_r=0$,则工件矫直操作完成,工件直线度合格。

在进行弹塑性小变形分析时,工件在几何形状上的变化基本上可以忽略,根据弹塑性理论和材料力学理论可以建立零件矫直弯曲加载过程的载荷-挠度曲线。在实际生产加工时,首先需要通过测量得到工件处于两点支承状态部分中点的挠度,即确定工件的初始弯曲量 δ_0,以此确定 A 点位置。根据工件的材料性质找到弹性极限点 B,故可绘制出加载曲线,即 AB 段。而 D 点的位置一般为原点,A、B、D 点都可由 F、δ 精确确定。AB 延长线是非线性曲线,可近似为圆弧曲线,过 D 点作 AB 段平行线与 AB 延长线曲线相交,得到交点 C,即可得到相应的 δ_b,进而获得所需的矫直行程 δ_Σ。根据式(2-1)所示的数学模型,由初始弯曲量可直接计算出所需的矫直行程[168]:

$$\Gamma = \begin{cases} k\delta & 0 < F < F_e \\ f(\delta) & F_n < F < F_p \\ k(\delta - \delta_0) & 0 < F < F_p \end{cases} \tag{2-1}$$

式中:F_e 为弹性极限载荷;F_p 为矫直允许的最大载荷,即塑性极限载荷。

由于在建立 F-δ 数学模型时,BC 段取的是近似曲线,故 C 点的精度受到 BC 段绘制精度的影响,而 BC 段与材料的屈服准则和强化特性有关。欲提高矫直行程的计算精度,必须对材料的屈服准则和强化特性做详细的分析。

弹塑性变形理论包括三个部分——屈服准则、流动法则和强化准则[28],在矫直问题中主要涉及屈服准则和强化准则。屈服准则是弹塑性屈服阶段的关键环节,其选择原则将直接影响卸载之后的金属弹性回复行为和对弹塑性小变形的控制精度;而强化准则主要适用于金属屈服之后塑性强化阶段的状态,不同的强化准则将影响到金属应力和应变的关系。而流动法则主要是描述塑性变形之后的应力-应变变化规律。对于金属材料,当应力超过屈服强度时,应力与应变的关系较为复杂,对于部分金属呈指数关系,对于部分金属近似呈线性关系,在应力-应变关系曲线上将呈现较小的屈服平台,而合金工具钢的应力-应变关系曲线一般都具有较长的屈服平台。

2.1.2　数控矫直过程分析

2.1.2.1　纯弯曲过程应力应变分析

在常规的反弯矫直过程中,具有初始挠度的工件一般发生的是一维弯曲,一维弯曲属于单方向的弯曲。设金属条形工件的厚度为 H,宽度为 B,发生一维弯曲时的曲率半径为 ρ,相应的曲率为 C。工件在弯矩 M 的作用下,内层受到压缩,而外层受到拉伸,压缩和拉伸的平衡点为中性层。在工件的表层和中性层存在着两向应力,而在材料内部的其他处存在三向应力。金属条形工件纯弯曲过程中的应力状态如图 2-3 所示。

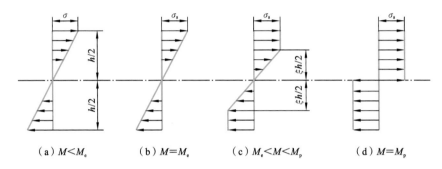

$$\text{(a) } M<M_e \qquad \text{(b) } M=M_e \qquad \text{(c) } M_e<M<M_p \qquad \text{(d) } M=M_p$$

图 2-3　纯弯曲的应力应变状态

弹性极限弯矩(截面危险点的应力为 σ_s)M_e 为

$$M_e = M \left| \sigma \frac{B H^2}{6}_{\max} \right|_s \qquad (2\text{-}2)$$

当受到的弯矩 $M<M_e$ 时,工件发生弹性变形,应力与应变呈线性关系(见图 2-3(a)),设 $\xi = h_e/H$,ξ 称为弹区比,h_e 为弹塑区交界处的厚度[28]。

随着弯矩的增大,应力、应变也随着增大。当 $M=M_e$ 时,工件边缘的应力为 σ_s(见图 2-3(b)),弹塑性交界区此时正位于工件表层。当弯矩增加到 $M_e<M<M_p$ 时,边缘的最大应力仍然是 σ_s(见图 2-3(c)),应变 ε 不断变大,塑性区向中性层扩展。设弹塑性交界区距中性层的距离为 $\xi h/2$ 时,$\sigma = \sigma_s$。随着 $\xi \rightarrow 0$,塑性区逐渐变大,当 $\xi = 0$ 时弯矩 $M=M_p$(见图 2-3(d)),受弯截面进入全塑性阶段。

由于金属条形工件是合金钢材料,属于强化金属材料,在实际生产加工中其屈服现象不明显,在塑性区内存在弹性增强现象,且容易出现表面裂纹,甚至断裂。如图 2-4 所示,σ_d、ε_d 分别为边层的最大应力、应变,σ_s、ε_s 分别是材料达到屈服极限时的应力、应变。设强化系数为 λ,$\lambda = E'/E$,即强化阶段的弹性模量与弹性变形阶段的弹性模量的比值。如图 2-5 所示,受弯截面已进入全塑性阶段。

2.1.2.2　矫直过程的应力、应变和弯矩分析

为便于分析,取一单位长度工件进行反弯矫直,如图 2-6 所示,设工件的初

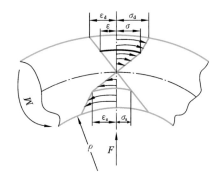

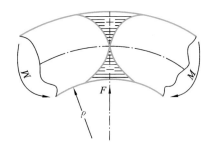

图 2-4　金属条形工件纯弯曲的应力、应变状态　　图 2-5　纯弯曲的塑性区分布

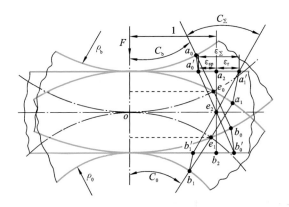

图 2-6　矫直过程的变形和曲率

始曲率半径为 ρ_0，反弯的曲率半径为 ρ_b，卸载后工件弹性回复至残余挠度 δ_r 为零时，即完成矫直加工。

由于分析对象为单位长度工件，可以认为其曲率半径是一致的。在一维弯曲的条件下，在工件上取一截面 $a_0 b_0$，其到矫直载荷加载点的距离为 1。截面 $a_0 b_0$ 与工件中性层的交点为 e_0，则 $\overparen{e_0 o} = 1$，设其对应的弧度角 $\theta_0 = 1/\rho_0$。由于一段圆弧的曲率 $C = 1/\rho$，故圆弧 $\overparen{e_0 o}$ 对应的曲率 $C_0 = 1/\rho_0$。

当工件加载反弯矫直载荷时，工件拉伸侧 a_0 点被拉伸到 a_1 点，卸载后 a_1 点弹性回复到 a_2 点。工件压缩侧 b_0 点被压缩到 b_1 点，卸载后 b_1 点弹性回复到 b_2 点。截面 $a_1 b_1$ 与工件中性层的交点为 e_1，且 $\overparen{e_1 o} = 1$。同理，圆弧 $\overparen{e_1 o}$ 对应的曲率 $C_b = 1/\rho_b$。

设工件经过一次矫直加工其直线精度即达到要求，此时，工件的曲率 $C_r =$

0。截面a_2b_2与直线e_2o垂直，$\overline{e_2o}=1$。由于$\overset{\frown}{e_0o}=\overset{\frown}{e_1o}=\overline{e_2o}$，由圆弧的弧长和弦长关系可知点$e_0$、$e_1$比点$e_2$更靠近矫直载荷加载点$o$。

将点a_0、b_0映射到矫直完成状态下的工件上，其对应的点分别为a_0'、b_0'。同时，将点a_1、b_1映射到矫直完成状态下的工件上，其对应的点分别为a_1'、b_1'。此时，可以视直线状态下工件的拉伸侧的a_0'点被拉伸到a_1'点，卸载后a_1'点弹性回复到a_2点；而压缩侧b_0'点被压缩到b_1'点，卸载后b_1'点弹性回复到b_2点。则拉伸侧的弹性回复变形量为$\overline{a_2a_0'}$，用ε_{sp}表示；残留变形量为$\overline{a_1'a_2}$，用ε_r表示。总弯曲变形量$\varepsilon_{\Sigma}=\varepsilon_r+\varepsilon_{sp}$。根据平截面原理，压缩侧变形状态与拉伸侧的一致。

但是，此过程中分析的弹性回复变形和残留变形并非单纯弹性变形或塑性变形，而是弹塑性变形叠加的结果。实际上，由图2-7(a)可以看出，在矫直过程的实际弹塑性变形过程中，中性层两侧所受的弯曲和拉伸量较小。在距中心层$h_e/2$区域内的材料发生弹性变形，应力的最大值为σ_s。而从弹性区向外侧，即距离中性层$h_e/2$到$H/2$区域内的材料发生塑性变形，其应变分布状态与应力分布状态一致。由于变形与工件截面高度之间的关系是线性关系，而弹塑性变形与工件截面高度之间的关系为非线性关系，故工件的应变状态呈现出如图2-7(b)所示的不规则性。

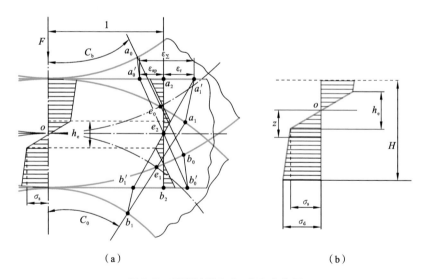

（a）　　　　　　　　　（b）

图2-7　矫直过程应力-应变分布图

依据矫直过程应力-应变分布图，可计算矫直过程中的弯矩和矫直载荷。当采用弹性线性强化材料模型时，矫直过程中的弯矩为[155]

$$M = 2\int_A \sigma z \, \mathrm{d}A \tag{2-3}$$

$$M = 2\int_{A_1} \sigma_1 z \, \mathrm{d}A + 2\int_{A_2} \sigma_2 z \, \mathrm{d}A$$

其中
$$\sigma_1 = \frac{2\sigma_s z}{h_e}$$

$$\sigma_2 = \sigma_s + \frac{(\sigma_d - \sigma_s)(2z - h_e)}{H - h_e} = \sigma_s + \frac{(\sigma_d - \sigma_s)(2z/H - \xi)}{1 - \xi}$$

由于
$$\sigma_d - \sigma_s = E'(\varepsilon_d - \varepsilon_0) = E'\varepsilon_0\left(\frac{H}{h_e} - 1\right) = \lambda\sigma_s\left(\frac{1}{\xi} - 1\right)$$

则
$$\sigma_2 = \sigma_s + \lambda\sigma_s\left(\frac{2z}{h_e} - 1\right) = \sigma_s + \lambda\sigma_s\left(\frac{2z}{H\xi} - 1\right)$$

故弯矩可表示为
$$M = 4\frac{\sigma_s}{h_e}\int_{A_1} z^2 \, \mathrm{d}A + 2\sigma_s\int_{A_2}\left[1 + \lambda\left(\frac{2z}{H\xi} - 1\right)\right]z \, \mathrm{d}A \tag{2-4}$$

由于弹性极限弯矩为
$$M_e = \frac{2I\sigma_s}{H} \tag{2-5}$$

式(2-4)与式(2-5)之比为
$$\frac{M}{M_e} = \frac{H}{I}\left\{\frac{2}{h_e}\int_{A_1} z^2 \, \mathrm{d}A + \int_{A_2}\left[1 + \lambda\left(\frac{2z}{H\xi} - 1\right)\right]z \, \mathrm{d}A\right\} \tag{2-6}$$

若将金属条形工件截面近似为矩形截面,工件宽度为 B,则由式(2-6)可得
$$M = 4B\frac{\sigma_s}{h_0}\int_0^{h_0/2} z^2 \, \mathrm{d}z + 2B\sigma_s\int_{h_0/2}^{H/2}\left[1 + \lambda\left(\frac{2z}{H\xi} - 1\right)\right]z \, \mathrm{d}z$$

积分得
$$M = \frac{B\sigma_s}{12}\left[3H^2 - h_0^2 + \lambda\left(-3H^2 + h_0^2 + \frac{2H^3}{h_0}\right)\right] \tag{2-7}$$

将弹区比 ξ 代入式(2-7),得
$$M = \frac{BH^2\sigma_s}{12}\left[3 - \xi^2 + \lambda\left(-3 + \xi^2 + \frac{2}{\xi}\right)\right] \tag{2-8}$$

令 $\overline{M} = M/M_e$,称之为塑弯比[28]。且对于矩形截面,有 $I = \frac{BH^3}{12}$,则式(2-8)可化简为
$$\overline{M} = 1.5 - 0.5\xi^2 + \lambda\left(-1.5 + 0.5\xi^2 + \frac{1}{\xi}\right) \tag{2-9}$$

当采用弹性幂强化材料模型时,在材料的强化阶段,其应力为

$$\sigma = E\varepsilon - (E/\sigma_s)^n (\varepsilon - \varepsilon_0)^n$$

此时

$$\sigma_1 = \frac{2\sigma_s z}{h_0}, \quad \sigma_2 = \frac{2\sigma_s z}{h_0} - \left(\frac{2z}{h_0} - 1\right)^n$$

则矫直弯矩可表示为

$$M = 4\frac{\sigma_s}{h_0}\int_{A_1} z^2 \mathrm{d}A + 2\int_{A_2}\left[\frac{2\sigma_s z}{h_0} - \left(\frac{2z}{h_0} - 1\right)^n\right]z\,\mathrm{d}A \tag{2-10}$$

此时

$$\frac{M}{M_0} = \frac{H}{I}\left[\frac{2}{h_0}\int_{A_1+A_2} z^2 \mathrm{d}A - \frac{1}{\sigma_s}\int_{A_1+A_2}\left(\frac{2z}{h_0} - 1\right)^n \mathrm{d}A\right] \tag{2-11}$$

式中 $M_0 = M_e$,$h_0 = h_e$。

将式(2-11)积分,可得

$$M = \frac{BH^2}{6}\frac{\sigma_s}{h_0}\frac{H}{h_0} + \frac{(H-h_0)^{n+1}}{2h_0^n}\frac{Hn + H + h_0}{(n+1)(n+2)} \tag{2-12}$$

将弹区比 ξ 代入式(2-12),可得

$$M = \frac{BH^2}{12}\left[\frac{2\sigma_s}{\xi} - \frac{6(1-\xi)^{n+1}}{\xi^n}\frac{n+1+\xi}{(n+1)(n+2)}\right] \tag{2-13}$$

此时塑弯比为

$$\overline{M} = \frac{1}{\xi} - \frac{3(1-\xi)^{n+1}}{\sigma_s \xi^n}\frac{n+1+\xi}{(n+1)(n+2)} \tag{2-14}$$

2.1.2.3 矫直过程的曲率变化分析

根据矫直过程中工件的几何关系,分析在此过程中曲率的变化。已知工件的初始挠度为 δ_0,对应的曲率为 C_0,相应的曲率半径为 ρ_0。加载时,反弯程度最大处的曲率为 C_b,对应的曲率半径为 ρ_b;加载后工件发生弹性回复,弹性回复后的曲率为 C_{sp},对应的曲率半径是 ρ_{sp};弹性回复后工件的残余曲率为 C_r,相应曲率半径为 ρ_r。这时总弯曲曲率为 C_Σ,即矫直前后的曲率差,对应的曲率半径为 ρ_Σ。设塑性曲率为 C_p,也即矫直前与弹性回复后的曲率差,对应的曲率半径为 ρ_p。由于在分析过程取的工件段的弧长为单位长度,故上述的曲率也可以视为单位弧长对应的弧心[29]。

因此,曲率关系也等同于角度关系,故有

$$\left.\begin{array}{l} C_\Sigma = |C_b| - |C_0| \\ C_{sp} = |C_b| - |C_r| \\ C_p = |C_r| - |C_0| \end{array}\right\} \tag{2-15}$$

对于各变量的符号,规定为向上凸时为负,向下凹时为正。由图 2-8 可知:C_0、

C_r 向上凸,符号为负;C_b 向下凹,为正。因此,式(2-15)可以简化为

$$\left.\begin{array}{l} C_\Sigma = C_b + C_0 \\ C_{sp} = C_b + C_r \\ C_p = C_0 - C_r \end{array}\right\} \tag{2-16}$$

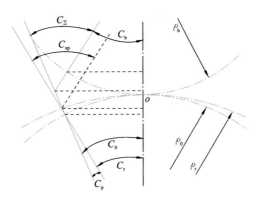

图 2-8 矫直过程曲率分布图

根据式(2-16)和矫直过程曲率分布的几何关系,可以得出塑性曲率 C_p、总弯曲曲率 C_Σ 和弹性回复曲率 C_{sp},其结果和由公式得出的结果一致。

当矫直完成后,$C_r = 0$,式(2-16)可简化为

$$\left.\begin{array}{l} C_\Sigma = C_b + C_0 \\ C_{sp} = C_b \\ C_p = C_0 \end{array}\right\} \tag{2-17}$$

即弹性回复后的曲率 $C_{sp} = C_b$。

弹性回复属于纯弹性变形,故

$$C_{sp} = \frac{M}{EI} = \frac{M_e \overline{M}}{EI} = C_e \overline{M} \tag{2-18}$$

其中 C_e 为弹性极限曲率,有

$$C_e = \frac{M_e}{EI}$$

由式(2-18)可得

$$\frac{C_{sp}}{C_e} = \overline{M} = \frac{\varepsilon_{sp}}{\varepsilon_e} \tag{2-19}$$

式中 $\qquad \overline{M} = \dfrac{M}{M_e} = 1.5 - 0.5\,\xi^2 + \lambda\left(\dfrac{1}{\xi} - 1.5 + 0.5\,\xi^2\right)$

当工件材料为幂指数强化材料时

$$\overline{M}=\frac{1}{\xi}-\frac{3(1-\xi)^{n+1}}{\sigma_s\xi^n}\frac{n+1+\xi}{(n+1)(n+2)}$$

根据几何关系（见图 2-9），回弹应变为

$$\varepsilon_{sp}=\frac{H}{2}C_{sp} \qquad (2\text{-}20)$$

回弹曲率为

$$C_{sp}=C_b=\frac{2}{H}\varepsilon_{sp} \qquad (2\text{-}21)$$

由于弹性极限应变

$$\varepsilon_e=\frac{h_e}{2}C_\Sigma=\frac{H}{2}C_e \qquad (2\text{-}22)$$

则总曲率与弹性极限曲率的比值

$$\frac{C_\Sigma}{C_e}=\frac{H}{h_e}=\frac{1}{\xi}=\overline{C}_\Sigma \qquad (2\text{-}23)$$

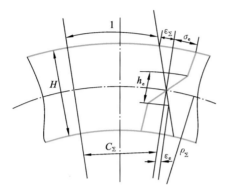

图 2-9 塑性区及弯矩分布图

$\overline{C}_\Sigma$ 称为相对总曲率。

同理，可得相对反弯曲率

$$\overline{C}_b=\frac{C_b}{C_e} \qquad (2\text{-}24)$$

相对初始曲率

$$\overline{C}_0=\frac{C_0}{C_e} \qquad (2\text{-}25)$$

则由式（2-17）可知，相对总曲率可以表示为

$$\overline{C}_\Sigma=\overline{C}_0+\overline{C}_b \qquad (2\text{-}26)$$

将式（2-26）代入式（2-9），得

$$(1-\lambda)\left[1.5-\frac{0.5}{(\overline{C}_b+\overline{C}_0)^2}\right]+(\lambda-1)\overline{C}_b+\lambda\overline{C}_0=0 \qquad (2\text{-}27)$$

当工件为幂指数强化材料时，将式（2-26）代入式（2-14），得

$$\overline{C}_b=\frac{1}{\overline{C}_b+\overline{C}_0}-\frac{3(1-\overline{C}_b-\overline{C}_0)^{n+1}}{\sigma_s(\overline{C}_b+\overline{C}_0)^n}\cdot\frac{n+1+\overline{C}_b+\overline{C}_0}{(n+1)(n+2)} \qquad (2\text{-}28)$$

根据式（2-27）和式（2-28）可得

$$\overline{C}_b=f_{\overline{M}}(\overline{C}_0)$$

由此可知，相对反弯曲率 $\overline{C}_b$ 是 $\overline{C}_0$ 的函数。由于回弹过程为弹性变形过程，故可以根据曲率的变化关系[155]来构造回弹挠度方程，得

$$\delta_{sp} = \frac{M l^2}{3EI} = \frac{M_e \overline{M} l^2}{3EI} = \frac{C_e \overline{M} l^2}{3} = \frac{C_e \overline{C}_b l^2}{3} = \frac{C_e \cdot f_{\overline{M}}(\overline{C}_0) \cdot l^2}{3} \qquad (2\text{-}29)$$

2.2　基于弹塑性理论的数控矫直行程计算方法

为了计算矫直加工中的矫直行程参数,有学者提出了基于弹塑性力学和平截面伯努利假设的矫直过程数学模型,该模型是结合初始挠度和材料的回弹特性建立起来的。如图 2-10 所示为金属条形工件截面的塑性区及弯矩分布图,阴影部分为发生了塑性变形的区域,其边界线是 $\xi\text{-}x$ 线,区域长度为 $2x_e$。而工件在整个长度 $2L$ 方向上的弯矩可表示为[28]

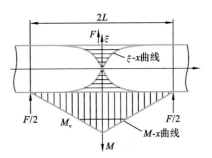

图 2-10　金属条形工件截面的
塑性区及弯矩分布

$$M_x = \frac{F}{2}(L - x) \qquad (2\text{-}30)$$

在塑性变形区域内($-x_p \leqslant x \leqslant x_p$)的某截面弯矩为

$$M_x = M_e[1.5 - 0.5\xi^2 + \lambda(1/\xi - 1.5 + 0.5\xi^2)] \qquad (2\text{-}31)$$

联立求解式(2-30)和式(2-31),得到中间压点处,即 $x=0$ 处产生弹塑性变形时载荷 F 和弹区比 ξ 的关系:

$$F = \frac{2 M_e[1.5 - 0.5\xi^2 + \lambda(1/\xi - 1.5 + 0.5\xi^2)]}{L} = 2 M_e \overline{M}/L \qquad (2\text{-}32)$$

工件中点的挠度可以表示为

$$\delta = \int_0^\delta \mathrm{d}y = \int_0^l x\, C_x \,\mathrm{d}x = \int_0^l x(C_{\Sigma x} - C_{0x}) \,\mathrm{d}x$$

化简得

$$\delta = \int_0^l x\, C_{\Sigma x} \,\mathrm{d}x - \int_0^l x\, C_{0x} \,\mathrm{d}x \qquad (2\text{-}33)$$

而

$$\delta_0 = \int_{\delta_0}^0 \mathrm{d}y \qquad (2\text{-}34)$$

这样,求解矫直行程 δ_Σ 就转化为求解 $\delta + \delta_0$,即

$$\delta_\Sigma = \int_0^l x\, C_{\Sigma x} \,\mathrm{d}x \qquad (2\text{-}35)$$

由于塑弯比 $\overline{M}$ 是弹区比 ξ 的函数,而 $\overline{C}_\Sigma = 1/\xi$,故 $\overline{C}_\Sigma$ 也是 $\overline{M}$ 的函数,可表

示为

$$\overline{C}_{\Sigma} = f(\overline{M}) \tag{2-36}$$

在矫直加工过程中,工件产生弹性变形和塑性变形,而矫直载荷 F 在加大到超过工件的弹性极限之后,可以被视为常量,而弹性弯曲的长度 l_e 也为常量。对于 l_e 长度以内的部分, $C_{\Sigma x}$ 函数为线性函数,即 $C_{\Sigma x} = M_x/(EI) = Fx/(2EI)$;对于塑性变形部分, $Fx/(2M_e) = Fx/(Fl_e) = x/l_e$ 。

此时矫直行程可表示为

$$\delta_{\Sigma} = \int_0^{l_e} \frac{Fx^2}{2EI} \mathrm{d}x + \int_{l_e}^{l} C_{\Sigma x} x \, \mathrm{d}x$$

化简得

$$\delta_{\Sigma} = \frac{Fl_e^3}{6EI} + \int_{l_e}^{l} C_{\Sigma x} x \, \mathrm{d}x \tag{2-37}$$

已知 $f\left(\dfrac{x}{l_e}\right) = \overline{C}_{\Sigma x}$,且 $\overline{M}_x = 1.5 - \dfrac{0.5}{\overline{C}_{\Sigma x}^2} + \lambda\left(\overline{C}_{\Sigma x} - 1.5 + \dfrac{0.5}{\overline{C}_{\Sigma x}^2}\right)$,故

$$\frac{x}{l_e} = 1.5 - \frac{0.5}{\overline{C}_{\Sigma x}^2} + \lambda\left(\overline{C}_{\Sigma x} - 1.5 + \frac{0.5}{\overline{C}_{\Sigma x}^2}\right) \tag{2-38}$$

联立式(2-37)和式(2-38),即

$$\begin{cases} \delta_{\Sigma} = \dfrac{Fl_e^3}{6EI} + \displaystyle\int_{l_e}^{l} C_{\Sigma x} x \, \mathrm{d}x \\ \dfrac{x}{l_e} = 1.5 - \dfrac{0.5}{\overline{C}_{\Sigma x}^2} + \lambda\left(\overline{C}_{\Sigma x} - 1.5 + \dfrac{0.5}{\overline{C}_{\Sigma x}^2}\right) \end{cases} \tag{2-39}$$

式(2-39)为工件在弹塑性段的载荷-挠度方程。

结合前面建立的弹性区的方程,最终建立的金属条形工件整个矫直过程的数学模型为

$$F = \begin{cases} \dfrac{6EI}{l^3}\delta & 0 < F < F_e \\ 6\left(\delta_{\Sigma} - \displaystyle\int_{l_e}^{l} C_{\Sigma x} x \, \mathrm{d}x\right)\dfrac{EI}{l_e^3} & F_e < F < F_p, \dfrac{x}{l_e} = 1.5 - \\ & \dfrac{0.5}{\overline{C}_{\Sigma x}^2} + \lambda\left(\overline{C}_{\Sigma x} - 1.5 + \dfrac{0.5}{\overline{C}_{\Sigma x}^2}\right) \\ \dfrac{6EI}{l^3}(\delta - \delta_0) & 0 < F < F_p \end{cases} \tag{2-40}$$

当 $\lambda = 0$,即工件材料为理想材料时,金属条形工件矫直过程的数学模型为

$$F = \begin{cases} \dfrac{6EI}{l^3}\delta & 0 < F < F_e \\[2mm] 6\left(\delta_\Sigma - \displaystyle\int_{l_e}^{l} C_{\Sigma x} x\,\mathrm{d}x\right)\dfrac{EI}{l_e^3} & F_e < F < F_p,\dfrac{x}{l_e} = 1.5 - \dfrac{0.5}{C_{\Sigma x}^2} \\[2mm] \dfrac{6EI}{l^3}(\delta - \delta_0) & 0 < F < F_p \end{cases} \quad (2\text{-}41)$$

金属条形工件矫直过程的数学模型描述的是整个矫直过程中载荷与挠度之间的关系,讨论的是载荷与工件的弯曲变形和弹性回复的因果联系。但实际上,在矫直加工过程中需要建立工件挠度与矫直行程之间的数学模型,以便于根据实际测量的工件挠度来对矫直行程进行预测和计算。

由式(2-27)与式(2-28)可求出相对初始曲率 $\bar{C}_0$ 和相对反弯曲率 $\bar{C}_b$ 的关系,即 $\bar{C}_0$-$\bar{C}_b$ 关系模型,当采用弹性线性强化材料模型时,有

$$(1-\lambda)\left[1.5 - \frac{0.5}{(\bar{C}_b + \bar{C}_0)^2}\right] + (\lambda-1)\bar{C}_b + \bar{C}_0 = 0$$

化简得

$$2(1-\lambda)\bar{C}_b^3 + \left[(2-4\lambda)\bar{C}_0 - 3(1-\lambda)\right]\bar{C}_b^2 - \left[2(\lambda+1)\bar{C}_0^2 + 6(1-\lambda)\bar{C}_0\right]\bar{C}_b$$
$$- \left[3(1-\lambda)\bar{C}_0^2 + 2\lambda\bar{C}_0^3\right] + 1 - \lambda = 0$$

由式(2-21)、式(2-25)和式(2-29),将 $\bar{C}_b = f(\bar{C}_0)$ 转化为

$$C_b = C_e f(C_e \bar{C}_0)$$

由 $C_\Sigma = C_b + C_0$ 可知

$$C_\Sigma = C_e f(C_e \bar{C}_0) + C_0$$

类似式(2-34),可以将 C_0 积分得到 δ_0,则矫直行程

$$\delta_\Sigma = \delta_b + \delta_0$$

代入式(2-29),得

$$\delta_\Sigma = \frac{C_b l^2}{3} + \delta_0 \quad (2\text{-}42)$$

由此可建立 δ_Σ-δ_0 模型。

根据载荷-挠度数学模型,可得如图 2-11 所示载荷-矫直行程曲线,该图即为图 2-2 所示曲线的具体表现。

由该模型及数学公式,采用 MATLAB(Matrix Laboratory)数学软件编程,可以很方便地通过上述矫直行程-挠度的表达式计算出矫直行程。MATLAB 是常用的商业数学计算软件,MATLAB 语言是可用于算法开发、数据可视化、数据分析以及数值计算的高级技术计算语言。一般地,用 MATLAB 语言来求解问题要比用 C 语言、FORTRAN 等语言简单得多。MATLAB 语言可以直接被调用,用户

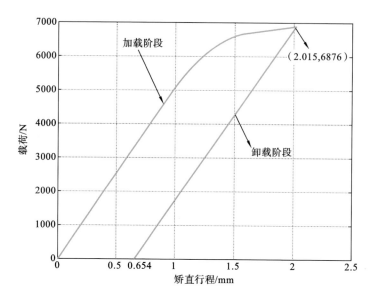

图 2-11　工件载荷-矫直行程曲线

也可以将自己编写的实用程序导入 MATLAB 函数库,进行后期调用。

笔者希望借助 MATLAB 的数学功能来建立较为复杂的数学模型,同时,MATLAB 与所开发的控制系统平台具有兼容性,因此,采用其进行程序编制计算,后期也方便与控制系统集成。

数控矫直行程计算代码实例如下:

```
function y= stroke(a)
[a,x]=solve('0.9068*(5-(3+ 1.1028*(x-a))*sqrt(3-2.2056*(x-a)))/
        (1.1028* (x-a))^2-x= 0',strcat('a= ',num2str(a)))
for i= 1:length(x)
    if imag(x(i))= = 0
        if  (x(i)) > =  a
        if x(i) < =  2.015
            y= x(i)
        end
    end
    end
end
```

其中"stroke"为 M 程序文件名,"a"为测量出的初始挠度,solve()函数中的公式为弹塑性阶段与弹性阶段相交的公式。而矫直行程 y＝x(i)的逻辑判断基于极限矫直行程的范围,从而输出正确的矫直行程值。利用该 M 程序文件,只需输入初始挠度值,即可获得矫直行程,大大简化了前述复杂的公式推导计算,同时可以编辑 M 程序文件界面。

取一组不同的初始挠度值,经上述程序计算得到相应的矫直行程,如表 2-1 所示。

表 2-1　弹塑性理论计算的挠度-矫直行程数据表

初始挠度 /mm	理论计算的矫直 行程/mm	初始挠度 /mm	理论计算的矫直 行程/mm
0.02	1.141	0.35	1.691
0.05	1.237	0.4	1.748
0.07	1.285	0.45	1.803
0.1	1.345	0.5	1.856
0.15	1.429	0.55	1.908
0.2	1.503	0.6	1.960
0.25	1.569	0.654(当次最大 可矫挠度)	2.015(当次 极限行程)
0.3	1.632		

根据表 2-1 得到的数据,可以绘图得到初始挠度与理论计算矫直行程的分布关系。图 2-12 即为由理论计算得到的工件矫直行程-挠度曲线图,从中可以

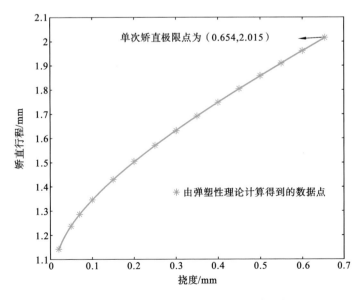

图 2-12　由理论计算得到的矫直行程-挠度曲线

看出初始挠度与矫直行程并不是简单的线性关系,而传统的经验公式一般将两者之间的关系简化为线性关系再加以修正,如文献[169]中经验公式分别为 $Y=aX+b+c-d$,其中 Y 为矫直行程,X 为初始弯曲量,a、b、c、d 分别为比例系数、刚性系数、正补偿量、负补偿量;文献[170]中的经验公式为 $Y=aX+b+c(n-1)$,其中 Y 为矫直行程,X 为初始弯曲量,a、b、c、n 分别为屈服点斜率、屈服点的位移量、修正系数和加压次数。在以上两式中,Y 与 X 始终呈线性关系,但实际情况并非如此。文献[74]、[82]中曾提出过幂函数的概念,但均没有展开具体研究,因此本书将从这方面着手,进一步对比研究两者的关系,以得到精确的矫直行程预测模型,对此将在后文中予以介绍。

2.3　面向回弹控制的数控矫直行程计算方法

2.3.1　弹塑性弯曲回弹过程概述

弯曲回弹现象常出现在工件发生弹性变形或者弹塑性变形且外力卸载之后[83]。不仅仅是处在弯曲加工中的工件,处在矫直加工、拉伸弯曲加工以及模具冲压加工中的工件都会发生弯曲回弹现象。该现象会直接影响工件的几何精度、表面质量以及生产效率。在弯曲成形理论中,精确预测回弹量是实现精密成形的关键。

在弯曲变形过程中,弯曲程度是用曲率变化程度来衡量的。工件的变形区,即工件上曲率发生变化的区域,其内层金属在切向压应力作用下产生压缩变形,而外层金属在切向拉应力作用下产生拉伸变形。随着弯曲载荷的增大,弯曲变形程度将增大,工件变形也会从弹性弯曲变形过渡到塑性弯曲变形,这一过程与矫直加载过程有一定程度的类似,但是也有区别。一般地,变形过程可分为以下三个阶段:

1) 弹性变形阶段

在工件弯曲过程的初始阶段,由于外力所产生的应力小于材料的屈服应力,故仅在工件内部产生弹性变形。沿着工件厚度方向,以应力中性层为界限将工件变形区域划分为拉伸区与压缩区,发生弹性变形的工件可近似认为处于线性应力状态。

2) 弹塑性变形阶段

随着弯矩不断增大,工件的曲率半径不断减小。塑性变形首先出现在工件表面,随后沿着工件厚度方向,由表面向中性层扩散。弹性变形区和塑性变形区以应力达到屈服强度的状态为准,沿工件厚度方向来划分。在弹塑性变形阶段,卸载后,由于弹塑性变形区域产生塑性变形,工件将弯曲成形。但是,在弹性变形区和塑性变形区,弹性变形部分的材料会发生弹性回复,因此,工件将产生较明显的回弹现象。

3)纯塑性变形阶段

矫直工艺要求工件处于纯塑性变形的状态,这一特定状态是矫直过程中所没有的。此时,工件的相对半径很小,塑性变形已经发生在整个工件的横截面上。工件的材料将发生流动并产生各向异性,即工件内部径向应力与横向应力已不能再忽略不计,工件处在立体(三向)应力状态。

一般来说,弯曲过程中的工件都是由变形区和非变形区组成的。在加载过程中,处在弯曲变形区材料内、外层的应力与应变的性质相反,内、外层材料或被拉伸或被压缩。同样,在卸载过程中,这两部分弹性回复的方向也是相反的,因此,将导致弯曲件形状和尺寸产生非常显著的变化,严重影响工件的成形精度。

2.3.2 考虑各向异性的回弹模拟计算方法

回弹现象发生在弯曲加工中的卸载过程中,在此过程中,可以视工件的各弯曲载荷节点受到大小相等、方向相向的载荷,即可以通过计算回弹弯矩 ΔM 来求反弯弯矩 $-M$。

图 2-13 所示为一单位长度工件,在发生纯塑性变形后的卸载过程中,应力-应变的关系为 $\delta\sigma/\delta\varepsilon = E'$,弹性模型发生了相应的变化,为

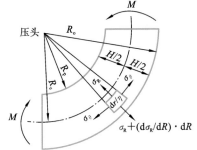

$$E' = \frac{E}{1-\nu^2} \qquad (2-43)$$

此时,应变量 δ_ε 可看作工件厚度与曲

图 2-13 回弹理论模型

率半径的比值,为 $\delta_\varepsilon = \delta_h/\delta_R$。设工件外缘弯曲的曲率半径为 R_o,工件内缘弯曲的曲率半径为 R_p,中性层的曲率半径为 R_c,且 $R_c = R_p + H/2$;曲率的变化 $\Delta R = R_c - R_c^*$,其中 R_c^* 为回弹后的中性层曲率半径。

因此,卸载过程中的弯矩变化量为[171]

$$\Delta M = 2W \int_0^{\frac{H}{2}} \Delta \sigma_\theta \eta \, \mathrm{d}\eta = \frac{BEH^3}{12(1-\nu^2)} \left(\frac{1}{R_c} - \frac{1}{R_c^*} \right) \qquad (2-44)$$

式中：θ 为弯曲角；σ_0 为 θ 方向上的应力分量；ν 为泊松比；η 为厚度微小量。

当有效应力 $\bar{\sigma}$ 为常数时，弯矩表达式可化简为

$$M = \frac{1+r}{\sqrt{1+2r}} \cdot \frac{\bar{\sigma}}{1+n} \cdot \frac{BH^2}{4} = K \left(\frac{1+r}{\sqrt{1+2r}} \right)^{n+1} \cdot \frac{BH^2}{4(1+n)} \cdot \left(\frac{H}{2R_c} \right)^n$$

$$(2\text{-}45)$$

有效应力可简化为[170]

$$\bar{\sigma} = K \left(\frac{1+r}{\sqrt{1+2r}} \right)^n \cdot \ln \frac{R_0}{R_c} \approx K \left(\frac{1+r}{\sqrt{1+2r}} \right)^n \left(\frac{H}{2R_c} \right)^n \qquad (2\text{-}46)$$

式中：r 为各向异性参数；n 为硬化指数。

根据弹性回复的卸载条件，工件所受弯矩平衡，弯矩的变化量即回弹弯矩 $\Delta M = -M$，可得[156]

$$\frac{1}{R_c} - \frac{1}{R_c^*} = K \left(\frac{1+r}{\sqrt{1+2r}} \right)^{1+n} \frac{3(1-\nu^2)}{HE(1+n)} \left(\frac{H}{2R_c} \right)^n \qquad (2\text{-}47)$$

将 $R_c \theta = R_c^* \theta^*$ 代入式(2-47)，可得回弹率的模拟公式[156]：

$$\frac{\Delta \theta}{\theta} = K \left(\frac{1+r}{\sqrt{1+2r}} \right)^{1+n} \frac{3(1-\nu^2)}{2E(1+n)} \left(\frac{H}{2R_c} \right)^{n-1} \qquad (2\text{-}48)$$

$$\Delta \theta = \frac{1/R_c - 1/R_c^*}{1/R_c}$$

已知材料的弹性模量、泊松比、各向异性参数和工件的几何尺寸，即可根据模拟公式计算出回弹量，为模具设计中弯曲回弹预测提供有一定准确度的依据[93]。

2.3.3 弹塑性弯曲回弹量和矫直行程关系模型

在变形量大的工件和合金类工件矫直加工过程中，材料可能产生各向异性，同时必须进一步考虑包辛格效应，因此，笔者根据矫直过程和弯曲回弹过程中工件的弹塑性变形的情况，将两者进行统一，提出以回弹控制为主要目的的矫直过程修正模型，通过求解回弹量来求解矫直行程，以提升矫直行程的预测精度。

由于目前回弹量预测和分析主要是针对回弹角的计算，而在矫直工艺过程中主要是针对行程预测进行建模，在综合考虑矫直过程理论模型和回弹控制模型的特点后，利用以回弹控制为主要手段的矫直工艺过程模型将矫直行程转化为回弹角来进行讨论，建立基于控制回弹量的矫直行程预测方法（下面用矫直曲率半径 ρ 代替回弹量中的曲率半径 R 来进行分析）。

同样地，取一段单位长度的工件进行研究，如图 2-14 所示。设工件的初始

外缘曲率半径为ρ_{0o},中性层曲率半径为ρ_{0c},内缘曲率半径为ρ_{0p};反弯后的外缘曲率半径为ρ_{bo},中性层曲率半径为ρ_{bc},内缘曲率半径为ρ_{bp};卸载后弹性回复残余挠度为δ_r,回弹后的外缘曲率半径为ρ_{ro},中性层曲率半径为ρ_{rc},内缘曲率半径为ρ_{rp}。如果弹性回复残余挠度δ_r为零,各层曲率半径为无穷大,则工件满足加工要求。

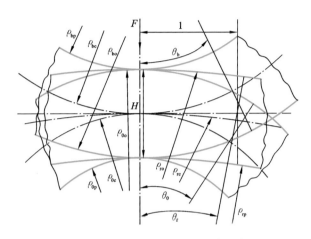

图 2-14　矫直过程回弹控制曲率示意图

工件在受到矫直载荷 F 的作用时,弯曲回弹过程如图 2-15 所示,工件初始挠度为负值,残余挠度也为负值,下压曲率半径为ρ_{bc},残余挠度曲率半径为ρ_{rc},下压曲率$C_b = C_\Sigma - C_0$,回弹曲率$C_{sp} = C_b + C_r$。

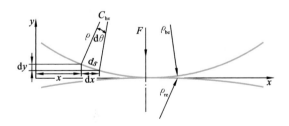

图 2-15　回弹预测曲率分析示意图

由式(2-15)可知

$$\Delta C = \frac{1}{\rho_{bc}} - \frac{1}{\rho_{rc}} \qquad (2\text{-}49)$$

从圆弧上取一段微小的圆弧 ds,其对应坐标为 dx 和 dy,曲率为C_{bx},综合式(2-47)和式(2-49)可得

$$\Delta C_x = \frac{1}{\rho_{bc} - \rho_{rc}} = K \left(\frac{1+r}{\sqrt{1+2r}} \right)^{1+n} \frac{3(1-\nu^2)}{HE(1+n)} \left(\frac{H C_{bx}}{2} \right)^n \quad (2\text{-}50)$$

此时求得的是微小圆弧 $\mathrm{d}s$ 在回弹过程中的曲率变化量。要求整个矫直卸载过程中工件挠度的变化量，则需要对整个工件支承跨距求解。由式(2-35)可知，工件挠度是曲率的函数，故工件此时的回弹挠度可表示为

$$\Delta \delta = \delta_{sp} = \int_0^l \Delta C_x x \, \mathrm{d}x = \int_0^l K \left(\frac{1+r}{\sqrt{1+2r}} \right)^{1+n} \frac{3(1-\nu^2)}{HE(1+n)} \left(\frac{H C_{bx}}{2} \right)^n x \, \mathrm{d}x$$

$$(2\text{-}51)$$

这样，式(2-51)可写作

$$\Delta \delta = K \left(\frac{1+r}{\sqrt{1+2r}} \right)^{1+n} \frac{3(1-\nu^2)}{HE(1+n)} \left(\frac{H}{2} \right)^n \int_0^l C_{bx}^n x \, \mathrm{d}x \quad (2\text{-}52)$$

已知相对总曲率为

$$\overline{C}_{\Sigma x} = \overline{C}_{bx} - (-\overline{C}_{0x}) = \overline{C}_{bx} + \overline{C}_{0x}$$

故

$$\overline{C}_{bx} = \overline{C}_{\Sigma x} - \overline{C}_{0x}$$

则

$$C_{bx} = C_e \overline{C}_{bx} = C_e (\overline{C}_{\Sigma x} - \overline{C}_{0x})$$

式(2-52)中的积分式是一个幂指数积分式，且有

$$\int_0^l C_{bx}^n x \, \mathrm{d}x = C_e \left[\int_0^l (\overline{C}_{\Sigma x} - \overline{C}_{0x})^n x \, \mathrm{d}x \right]$$

由于外力卸载后的弯曲回弹过程是一个弹性变形过程，故可应用弹性阶段的分析方法来求解挠度的变化量，则相对总曲率为

$$\overline{C}_{\Sigma x} = \left(3 - \frac{2x}{l_e} \right)^{\frac{1}{2}}$$

相对初始挠度曲率为[172]

$$\overline{C}_{0x} = \frac{f''(x)}{[1 + (f'(x))^2]^{\frac{3}{2}}}$$

因此

$$\int_0^l C_{bx}^n x \, \mathrm{d}x = C_e \left\{ \int_0^l \left[\left(3 - \frac{2x}{l_e} \right)^{-\frac{1}{2}} - \overline{C}_{0x} \right]^n x \, \mathrm{d}x \right\}$$

令 $\displaystyle \int_0^l C_{bx}^n x \, \mathrm{d}x = C_e \left\{ \int_0^l \left[\left(3 - \frac{2x}{l_e} \right)^{-\frac{1}{2}} - \overline{C}_{0x} \right]^n x \, \mathrm{d}x \right\} = C$，则回弹挠度可表示为

$$\Delta \delta = K \left(\frac{1+r}{\sqrt{1+2r}} \right)^{1+n} \frac{3(1-\nu^2)}{HE(1+n)} \left(\frac{H}{2} \right)^n C \quad (2\text{-}53)$$

此时,矫直行程$\delta_\Sigma = \delta_0 + \delta_b = \delta_r + \Delta\delta$。在矫直过程中,通过材料的几何尺寸、性能参数,以及检测得到的工件的直线度即可得到当前的矫直行程。

2.3.4　面向回弹控制的数控矫直行程计算方法

反弯压力矫直的回弹控制指在工件加工过程中,由控制曲率变化而直接对工件回弹量进行预测控制的方法,通常是将未知的回弹量作为已知量来进行考虑,以回弹量反求出矫直行程。

面向回弹控制的金属条形工件矫直工艺理论,是以控制工件的回弹量为主要目的,考虑工件在弹塑性变形过程中材料性能参数发生的变化量,根据金属条形工件的加工特性,所形成的一系列完整的矫直工艺理论,包括矫直基本理论、矫直行程计算方法、矫直加工基本原理和工艺流程等。研究该理论的目的是提升金属条形工件的直线精度,设计和研制具有一定加工精度的自动化矫直设备。

因此,回弹控制研究不仅要解决如何应用回弹理论来进行工件弹性回复预测的问题,还要解决如何将预测控制应用到矫直行程的计算过程之中的问题。

2.3.4.1　矫直过程的曲率变化模型

曲率变化是矫直加工过程中工件最直接的表现,其反映着当前工件在矫直载荷下发生的变化。根据矫直过程的曲率关系,以及初始阶段、加载过程和卸载后的曲率构造曲率变化向量$\boldsymbol{C}$:

$$\boldsymbol{C}^{(t_{ij})} = \begin{bmatrix} C_\Sigma^{(t_{ij})} & C_0^{(t_{ij})} & C_b^{(t_{ij})} & C_{sp}^{(t_{ij})} \end{bmatrix}$$

式中:t_{ij}是时间参数,表示第i次矫直加工中的第j种曲率状态,用以表征曲率在加工过程中的变化量。工件的曲率状态为:0——工件初始状态;1——矫直前状态;2——矫直回弹前状态;3——矫直加工后状态。

单次矫直过程的曲率变化过程可表示为

$$\boldsymbol{S}^{(t_i)} = \begin{bmatrix} \boldsymbol{C}^{(t_{i0})} & \boldsymbol{C}^{(t_{i1})} & \boldsymbol{C}^{(t_{i2})} & \boldsymbol{C}^{(t_{i3})} \end{bmatrix}^{\mathrm{T}} = \begin{bmatrix} C_\Sigma^{(t_{i0})} & C_0^{(t_{i0})} & C_b^{(t_{i0})} & C_{sp}^{(t_{i0})} \\ C_\Sigma^{(t_{i1})} & C_0^{(t_{i1})} & C_b^{(t_{i1})} & C_{sp}^{(t_{i1})} \\ C_\Sigma^{(t_{i2})} & C_0^{(t_{i2})} & C_b^{(t_{i2})} & C_{sp}^{(t_{i2})} \\ C_\Sigma^{(t_{i3})} & C_0^{(t_{i3})} & C_b^{(t_{i3})} & C_{sp}^{(t_{i3})} \end{bmatrix}$$

根据式(2-15)和式(2-16)构造矫直加工信息矩阵:

$$\boldsymbol{P}^{(t_{ij})} = \begin{bmatrix} p_{11}^{(t_{ij})} & p_{12}^{(t_{ij})} & p_{13}^{(t_{ij})} & p_{14}^{(t_{ij})} \\ p_{21}^{(t_{ij})} & p_{22}^{(t_{ij})} & p_{23}^{(t_{ij})} & p_{24}^{(t_{ij})} \\ p_{31}^{(t_{ij})} & p_{32}^{(t_{ij})} & p_{33}^{(t_{ij})} & p_{34}^{(t_{ij})} \\ p_{41}^{(t_{ij})} & p_{42}^{(t_{ij})} & p_{43}^{(t_{ij})} & p_{44}^{(t_{ij})} \end{bmatrix}$$

式中：$\boldsymbol{P}^{(t_{ij})}$ 为第 i 次矫直加工中的第 j 种状态下的矫直加工信息矩阵，其中 $i=1,2,\cdots,n,j=0,1,2,3$。

相邻的曲率向量之间的关系为

$$\boldsymbol{C}^{(t_{i(j+1)})}=\boldsymbol{C}^{(t_{ij})}\cdot\boldsymbol{P}^{(t_{ij})} \tag{2-54}$$

故单次矫直过程的曲率变化可表示为

$$\boldsymbol{S}^{(t_i)}=\begin{bmatrix}\boldsymbol{C}^{(t_{i0})} & \boldsymbol{C}^{(t_{i0})}\boldsymbol{P}^{(t_{i1})} & \boldsymbol{C}^{(t_{i1})}\boldsymbol{P}^{(t_{i2})} & \boldsymbol{C}^{(t_{i2})}\boldsymbol{P}^{(t_{i3})}\end{bmatrix}^{\mathrm{T}}$$

$$=\begin{bmatrix}C_{\Sigma}^{(t_{i0})} & C_{0}^{(t_{i0})} & C_{\mathrm{b}}^{(t_{i0})} & C_{\mathrm{sp}}^{(t_{i0})}\\ C_{\Sigma}^{(t_{i1})} & C_{0}^{(t_{i1})} & C_{\mathrm{b}}^{(t_{i1})} & C_{\mathrm{sp}}^{(t_{i1})}\\ C_{\Sigma}^{(t_{i2})} & C_{0}^{(t_{i2})} & C_{\mathrm{b}}^{(t_{i2})} & C_{\mathrm{sp}}^{(t_{i2})}\\ C_{\Sigma}^{(t_{i3})} & C_{0}^{(t_{i3})} & C_{\mathrm{b}}^{(t_{i3})} & C_{\mathrm{sp}}^{(t_{i3})}\end{bmatrix}$$

矫直加工信息矩阵 $\boldsymbol{P}^{(t_{ij})}$ 中的矫直加工参数与工件的曲率变化直接相关，而在矫直加工中，以工件卸载后回弹曲率变化为主要控制量，因此矫直加工信息矩阵也可称为回弹控制矩阵。

工件在整个矫直过程中的曲率变化为

$$\boldsymbol{A}=\begin{bmatrix}\boldsymbol{S}^{(t_1)} & \boldsymbol{S}^{(t_2)} & \cdots & \boldsymbol{S}^{(t_n)}\end{bmatrix}^{\mathrm{T}}=\begin{bmatrix}C_{\Sigma}^{(t_{10})} & C_{0}^{(t_{10})} & C_{\mathrm{b}}^{(t_{10})} & C_{\mathrm{sp}}^{(t_{10})}\\ C_{\Sigma}^{(t_{11})} & C_{0}^{(t_{11})} & C_{\mathrm{b}}^{(t_{11})} & C_{\mathrm{sp}}^{(t_{11})}\\ \vdots & \vdots & \vdots & \vdots\\ C_{\Sigma}^{(t_{n3})} & C_{0}^{(t_{n3})} & C_{\mathrm{b}}^{(t_{n3})} & C_{\mathrm{sp}}^{(t_{n3})}\end{bmatrix} \tag{2-55}$$

矫直加工结束后，工件直线度满足要求，最终的曲率向量为

$$\boldsymbol{C}^{(t_{n3})}=\begin{bmatrix}C_{\Sigma}^{(t_{n3})} & C_{0}^{(t_{n3})} & C_{\mathrm{b}}^{(t_{n3})} & C_{\mathrm{sp}}^{(t_{n3})}\end{bmatrix}\boldsymbol{C}^{(t_{ij})}=\begin{bmatrix}0 & 0 & 0 & 0\end{bmatrix}$$

即矫直曲率变化矩阵的秩为

$$\mathrm{rank}(\boldsymbol{A})<4n$$

2.3.4.2　基于曲率变化的矫直行程矩阵计算方法

在矫直过程中，工件的回弹曲率 C_{sp} 和弯曲回弹量都不能直接通过测量获得，而其矫直行程、初始挠度和矫直载荷均可通过测量获取。由于矫直加工是一个连续的过程，前一次的残余挠度即为后一次的初始挠度，回弹量可通过残余挠度和矫直行程关系式求得。

由于矫直的目的是使残余挠度趋于零，可对回弹量进行精确控制，从而得到精确的矫直行程。

由回弹控制矩阵 $\boldsymbol{P}^{(t_{ij})}$ 可知，第 i 次矫直的第 j 种状态都与加工信息匹配。

因此，根据金属条形工件的矫直过程基本数学模型和回弹量关系模型，可

对回弹控制矩阵进行细化。

首次矫直加工的回弹控制矩阵为

$$\boldsymbol{P}^{(t_{i1})}=\begin{bmatrix} 0 & 0 & 0 & 0 \\ 1 & 1 & \dfrac{C_b}{C_0} & 0 \\ C_b & 0 & 0 & 0 \\ 0 & 0 & 0 & 0 \end{bmatrix}, \quad \boldsymbol{P}^{(t_{i2})}=\begin{bmatrix} 1 & 0 & 0 & 0 \\ 0 & 1 & 0 & 0 \\ 0 & 0 & 1 & 0 \\ 0 & 0 & 0 & C_{sp} \end{bmatrix}, \quad \boldsymbol{P}^{(t_{i3})}=\begin{bmatrix} 0 & 0 & 0 & 0 \\ 0 & 0 & 0 & 0 \\ 0 & -1 & 0 & 0 \\ 0 & 1 & 0 & 0 \end{bmatrix}$$

由回弹控制矩阵可知,初始曲率 C_0 为已知量,而 C_b 和 C_{sp} 为未知量,但由式 (2-27) 和式 (2-28) 可知, C_b 是 C_0 的函数,因此获得精确回弹曲率 C_{sp} 是进行回弹控制的关键。

根据式 (2-29) 和式 (2-53),可针对不同的工件和矫直程度采用不同的回弹预测算法,构造回弹控制矩阵,进行矫直回弹的控制。

经过矩阵运算后的曲率不能直接应用于矫直过程,为获得矫直行程参数,引入曲率信息提取向量 $\boldsymbol{D}$,将单次矫直过程曲率变化矩阵 $\boldsymbol{S}^{(t_i)}$ 转化为矫直行程的预测向量 $\boldsymbol{Q}^{(t_i)}$。

首先,逐次提取 t_i 次矫直过程的曲率信息,用向量 $\bar{\boldsymbol{S}}^{(t_i)}$ 表示:

$$\bar{\boldsymbol{S}}^{(t_i)}=\boldsymbol{D}\cdot\boldsymbol{S}^{(t_i)}=\begin{bmatrix} d_1 & d_2 & d_3 & d_4 \end{bmatrix}\cdot\boldsymbol{S}^{(t_i)}=\begin{bmatrix} C_{\Sigma}^{(t_i)} & C_0^{(t_i)} & C_b^{(t_i)} & C_{sp}^{(t_i)} \end{bmatrix}$$

其中,曲率信息提取向量 $\boldsymbol{D}$ 可写为 $\begin{bmatrix} -1 & 0 & 1 & 1 \end{bmatrix}$。

由于曲率分析是基于单位长度工件而展开的,要获得矫直行程,必须将曲率对整段工件进行积分求解(具体积分方法参考 2.3.3 节内容),因此有

$$\boldsymbol{Q}^{(t_i)}=\begin{bmatrix} \delta_{\Sigma}^{(t_i)} & \delta_0^{(t_i)} & \delta_b^{(t_i)} & \delta_{sp}^{(t_i)} \end{bmatrix}$$

整个矫直过程的矫直加工挠度矩阵为

$$\boldsymbol{Q}=\begin{bmatrix} \delta_{\Sigma}^{(t_1)} & \delta_0^{(t_1)} & \delta_b^{(t_1)} & \delta_{sp}^{(t_1)} \\ \delta_{\Sigma}^{(t_2)} & \delta_0^{(t_2)} & \delta_b^{(t_2)} & \delta_{sp}^{(t_2)} \\ \vdots & \vdots & \vdots & \vdots \\ \delta_{\Sigma}^{(t_n)} & \delta_0^{(t_n)} & \delta_b^{(t_n)} & \delta_{sp}^{(t_n)} \end{bmatrix} \tag{2-56}$$

2.4 基于弹塑性弯曲和矫直试验的数控矫直行程计算方法

长期以来,出于成本及试验设备精度方面的考虑,人们对矫直试验的研

究较少,对矫直行程的预测更多地是采用理论简化计算,甚至是凭人工经验判断。而且现有的试验研究也大多针对轴类零件等规则截面条材零件,其他非规则截面条材(如直线导轨、电梯导轨、铁路轨道、油田钻杆、型钢等)涉及很少[94]。但是从试验的角度出发来进行矫直理论和矫直模型的研究是非常有必要的,不仅能有效验证理论计算结果的正确性,而且因为试验的精度更高,更易于了解材料弯曲变形的特点,能针对具体的试验对象,找出其变形及回弹的规律,通过分析回弹数据规律来实现精确的矫直行程控制[95]。对于以数控矫直机为服务对象的矫直行程预测模型,能够以弯曲试验得到的数据为依据,建立精确的挠度-矫直行程模型,得到简单可行的精密矫直行程预测公式,甚至是矫直行程预测知识库,能有效地提高矫直机预测系统的精确性、实用性以及智能性,有助于实现一次性矫直,大大提高效率,简化系统操作的复杂性。

2.4.1 三点简支多步弯曲加载试验

2.4.1.1 试验对象

为便于试验数据的处理和分析,选取典型条形基础功能件直线导轨 LG 系列的 LG15、LG20 两种型号三种规格的直线导轨作为试验对象。导轨截面图如图 2-16 所示,材料为轴承钢 GCr15,导轨毛坯的长度为 250 mm,根据实际情况调整两端支承跨距,现将支承跨距定为 $2L = 200$ mm。

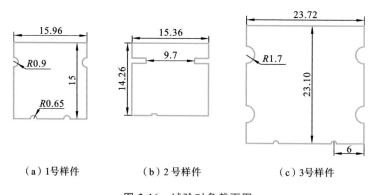

(a) 1 号样件　　　　(b) 2 号样件　　　　(c) 3 号样件

图 2-16　试验对象截面图

为了获取较为准确的试验样件材料的弹塑性性能参数,根据材料力学试验的方法,先进行样件常规拉伸和弯曲试验。试验对象性能参数和热处理情况如表 2-2 所示。

表 2-2　试验对象性能参数和热处理情况

序号	屈服强度 σ_s/MPa	弹性模量 /MPa	温度 /℃	湿度 RH /(%)	热处理 方式	跨距 /mm
1	402	190088.531	15	86	退火	200
2	1620	190088.531	18	65	淬火和回火	200
3	528	190088.531	23	69	退火	200

2.4.1.2　弯曲试验设备

根据弯曲试验的具体要求,结合现有的试验设备,选用英国英斯特朗(INSTRON)公司的电液伺服万能材料试验机进行多步弯曲加载试验,该设备具体结构和布置形式如图 2-17 所示,具体参数如表 2-3 所示。该设备的控制系统为电液伺服驱动的闭环控制方式,并采用了应变片式载荷传感器,可使用载荷、位移、应变三个相互独立并可转换的控制模式分别进行试验。

图 2-17　INSTRON1341 电液伺服万能材料试验机

表 2-3　INSTRON1341 电液伺服万能材料试验机性能参数

编号	性能指标	参数
1	载荷量程	$\pm 100\ kN$
2	作动器行程	$\pm 75\ mm$
3	应变测量范围	$-10\%\sim+50\%$
4	测量相对误差	$\leqslant 0.5\%$
5	测量工作频率	$0\sim25\ Hz$

2.4.1.3　试验方案及步骤

以分析试验对象在多步弯曲加载过程中的力学特性为目的的工件弯曲试验采用的是两端简支、中点加载的三点反弯形式,图 2-18 所示为样件的放置方式。两支点以压头为中心对称布置,支承跨距可根据需要进行调整;立柱的位移传感器可测量压头位移量,同时,样件的弯曲挠度由安装在支点之间的引伸计获取。跨距在单一样件试验中是保持不变的。

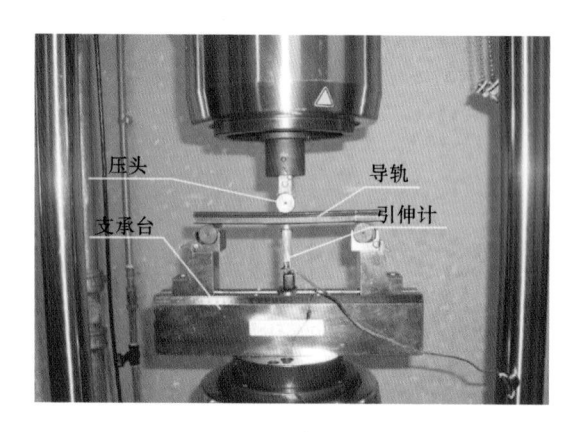

图 2-18　工件放置方式

由于试验机的压头位置测量模块所反馈的测量数据均是以试验机主立柱上端零点为基准的绝对位置数据,并不能实时反映样件弯曲程度,因此必须进行坐标变换和分析。同时,该试验机的压力传感器存在一定程度"漂移"现象。为精确测量导轨的弯曲程度,必须消除试验机压头与被测样件之间的间隙,始终保证压头与试验对象接触。因此,在弯曲试验过程中采用如下的方案(见图 2-19)。

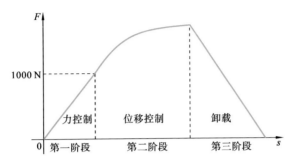

图 2-19　弯曲试验方案示意图

（1）第一阶段：力控制加载模式。以力控制的方式，设定压力阈值，使压头保持一个恒定的压力来进行加载，其设定值为 1000 N。此时，根据材料力学计算可知，在该载荷的作用下工件处于弹性变形状态，1000 N 的压力并不会改变样件的力学性能。第一阶段的加载过程从压头与样件接触开始，加载至 1000 N 即停止，以保证压头与试验对象接触，压力传感器和位移传感器采集的数据准确。

（2）第二阶段：位移控制加载。压头在完成第一阶段的力控制加载后，将以位移控制模式进行加载，当预定位移达到要求时停止，随后转入第三阶段。

（3）第三阶段：卸载。撤去外力载荷后，试验对象将发生弹性回复。

第一、第二阶段为压力加载过程，使试验对象发生弹性、弹塑性变形，而第三阶段为卸载过程。试验机将压头向上移动，压力逐渐减小到 0。完全卸载后，样件与压头将完全分离。试验机在不接触样件的情况下无法测量其在弹性回复后的弯曲程度，但可以通过下一次加载时初始位置的对比计算得出。

试验过程中的弯曲加载-卸载过程的实时数据，如力、位移、应变都能从材料试验机的软件系统中获得，准确性较高。为了得到更直观的数据，以便精确地分析试验对象的力学性能，还需对其结果进行相关的后续处理。

单次弯曲加载试验步骤如下。

步骤 1：接通电源，整机预热。

步骤 2：试验机回到机器原点，装夹好样件。

步骤 3：设定弯曲加载过程，第一阶段的载荷为恒定值 1000 N，第二阶段设定为位移式加载，第三阶段卸载到 0。

步骤 4：设置输出文件、加载速率及数据采集模式等相关参数；检查设备的限位保护功能。

步骤 5：进行加载试验，注意观察，若发生意外立即终止试验，如正常运行则进行至卸载完成后停止，实时记录并保存试验数据。

步骤 6：调整步骤 3 中的加载位移，返回步骤 5，开始第二次试验。

步骤 7：试验完成，使设备回零。从计算机中获取试验结果，结合记录的数据进行处理分析。

步骤 8：建立相关工件弯曲模型，将试验得到的数据与理论计算的数据及有限元仿真的数据进行比较，分析原因。

弯曲加载过程流程如图 2-20 所示。

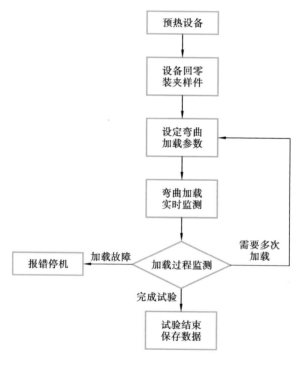

图 2-20　试验流程图

2.4.1.4　试验数据处理

在多步弯曲加载试验中，需对同一样件设定不同的加载位移进行多次加载，加载的位移逐次增加，而每一次加载后都要卸载，即试验中有多个完整的加载-卸载过程。

试验所采集到的数据是样件与压头接触点的绝对位置值和相应的压力值，在对这些数据进行去噪处理后，取每次加载的绝对位置值和压力的最大值，利用数值计算软件,得到载荷和位置值的相对关系图,如图 2-21 所示。数据记录点分布状况与金属受力后的应力-应变曲线相似。

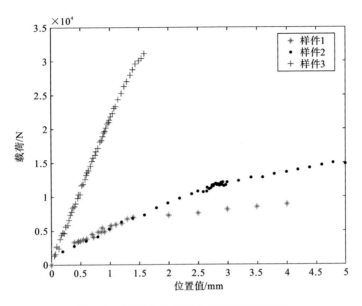

图 2-21　试验样件的弯曲加载情况分布图

由图 2-21 可以看出,单个试验样件的载荷-位置值曲线由线性区和非线性区组成。对于不同的试验样件,线性区和非线性区比例是不同的。截面形状和热处理状态均可显著改变线性区和非线性区的比例。

截面形状与弯曲载荷成正相关的关系。根据试验数据,随着试验样件截面形状的增大和热处理硬度的增加,曲线的线性区会显著增大,而非线性区随着载荷增大而增大。

每一个样件以位移控制的形式,采用不同的弯曲程度加载超过 50 次,加载过程中的试验数据均用弯曲载荷和对应的压头位置值来表示,各样件的载荷-位置值曲线分别如图 2-22、图 2-23、图 2-24 所示。

样件的载荷-位置值曲线的开始阶段是一条直线,这是由样件材料变形过程中的基本属性所决定的。随着载荷的增加,该曲线发生波动,并且各样件的波动情况并不一致。通过对比分析可知,在试验样件刚刚进入屈服阶段时,其应力-应变关系由线性过渡到非线性,所以载荷-位置值曲线的波动出现在该阶段;另外,曲线波动还与试验设备压头的加载算法和加载模式有关,因为试验设备压头的加载模式的实际加载算法是固化的,将作用于所有试验样

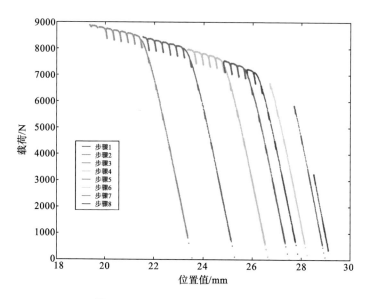

图 2-22　1 号样件载荷-位置值曲线

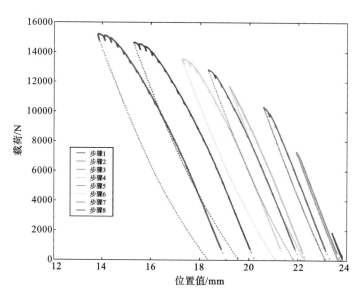

图 2-23　2 号样件载荷-位置值曲线

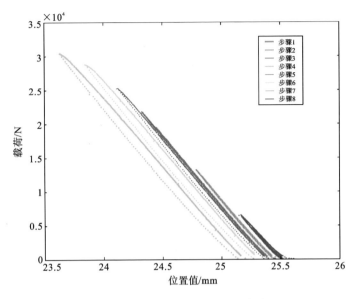

图 2-24 3 号样件载荷-位置值曲线

件的每一次加载之中。最后,试验机的传感器在测量过程中的漂移也将导致曲线波动。

2.4.2 基于弹塑性弯曲与矫直试验的载荷-矫直行程计算方法

将 1 号样件作为研究对象,材料性能参数如下:弹性模量 $E=190089$ MPa,屈服强度 $\sigma_s=382$ MPa,支承跨距 $2L=200$ mm。

样件的多步弯曲加载,可以认为是矫直加工的逆操作,因此可以根据弯曲试验的数据来反求矫直数据。弯曲试验中所记录的数据是由试验机压头的实时绝对位置和样件中点位置的弯曲载荷组成的。工件中点的初始位置和弯曲程度可以从每一次弯曲加载的曲线模型中得到。为便于处理,将第一次弯曲加载的初始位置 29.203 mm 设为弯曲试验的坐标系的原点,且规定压头向下为正方向,则所有的弯曲加载数据均可以转化为相对原点的相对坐标值,且均为正。根据 1 号样件的弯曲试验数据,修正后采用 MATLAB 软件拟合成曲线,反求得到试验的载荷-矫直行程数学模型,如图 2-25 所示。表2-4所示为基于弯曲试验的矫直行程预测数据,其中包括弯曲回弹量、矫直行程和矫直载荷。

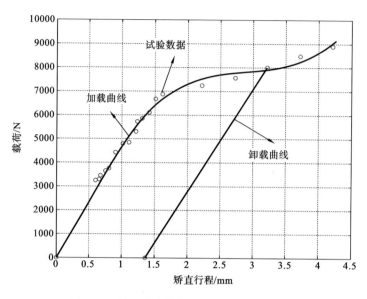

图 2-25　基于试验的载荷-矫直行程数学模型

表 2-4　试验得到的矫直行程数据

序号	加载前的相对位置/mm	加载后的相对位置/mm	回弹量/mm	矫直行程/mm	矫直载荷/N
1	0	0	0.612	0.612	3252.78
2	0	0	0.662	0.6622	3288.59
3	0	0	0.684	0.6837	3447.89
4	0	0.00126	0.71274	0.714	3434.6
5	0.00126	0.00346	0.7598	0.762	3649.17
⋮	⋮	⋮	⋮	⋮	⋮
9	0.01892	0.07866	0.95526	1.015	4773.93
10	0.07866	0.13256	1.0651	1.119	4843.5
11	0.13256	0.13366	1.2129	1.214	5285.18
12	0.13366	0.20156	1.1671	1.235	5705.9
⋮	⋮	⋮	⋮	⋮	⋮
18	1.71176	2.54816	1.8866	2.723	7553.4
19	2.54816	3.90416	1.865	3.221	7983.5
20	3.90416	5.64156	1.98456	3.722	8450

根据式(2-40)可得到理论矫直过程载荷-矫直行程曲线,如图 2-26(a)所示。分析该曲线可以得到矫直行程-挠度数据,如表 2-5 所示。

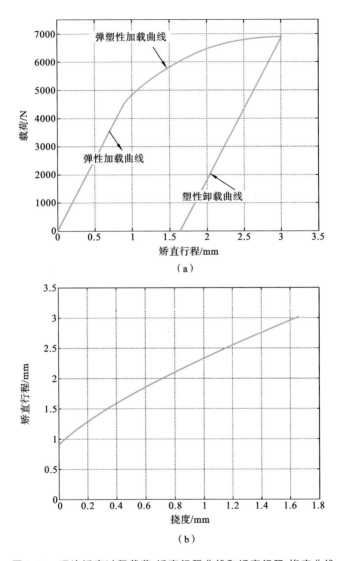

图 2-26　理论矫直过程载荷-矫直行程曲线和矫直行程-挠度曲线

从图 2-26(a)可知,每次矫直加工的最大的行程为 3 mm,否则,工件很可能发生断裂破坏。根据该曲线可建立起矫直行程-挠度模型。矫直行程预测所对应的初始挠度可以由从图 2-26(b)和表 2-4 中查得。

表 2-5　矫直行程-挠度数据

初始挠度/mm	矫直行程/mm	矫直载荷/N
0	0.9	4549.7
0.00916	0.92502	4629.8
0.01851	0.94344	4675.7
0.028058	0.96205	4721.5
⋮	⋮	⋮
0.35061	1.5022	5821.7
0.3702	1.5309	5867.5
0.3906	1.5604	5913.4
⋮	⋮	⋮
1.0759	2.4089	6738.5
1.1725	2.5145	6784.3
1.3054	2.6565	6830.2
1.6625	3.0226	6876

2.5　基于有限元法的数控矫直行程计算方法

由于采用传统材料力学及弹塑性理论的矫直行程计算具有很大的局限性,比如采用近似截面原则计算,需要借助一定的假设条件等,因此计算的结果往往不够精确,需要进行多次的矫直甚至不能实现矫直,效率较低,因此有必要采用弹塑性有限元理论来探讨更精确的计算模型,这样同时还能极大地扩大应用对象的范围。

2.5.1　弹塑性弯曲回弹的有限元分析

压力矫直过程是一个弹塑性弯曲过程,由于金属条形工件弯曲度各不相同,且具有一定弯曲量的工件存在一定的残余应力,因为包辛格效应的影响,在反求中单独进行一个具有挠度的工件的弯曲分析意义不大,因此本书采用平直的工件进行弯曲加载,然后卸载。通过对这一过程进行有限元分析,得到有效仿真数据,从而反向建立起导轨矫直的数学模型。

针对不同材料、不同截面、不同热处理工艺的直线导轨,只需输入相应的各种参数,在 ANSYS 软件中建立导轨有限元模型,进行加载和卸载,通过后处理得到相关数据,用仿真代替试验,能大大节约成本。

下面介绍以典型条形基础功能件——直线导轨作为研究对象、以 LG15 为例进行的有限元分析[76-80]。

2.5.1.1 材料基本概况

导轨截面如图 2-16 所示,材料为轴承钢 GCr15,热处理工艺为退火,导轨长度为 250 mm,支承跨距可调,实际采用的支承跨距为 $2L=200$ mm。由于分析结果在很大程度上取决于输入的相关参数,为提高分析精度,材料的弹性模量及屈服强度均通过试验获得,其中 $E=190089$ Pa,$\sigma_s=382$ MPa。试验条件与理论计算时一致。现在对导轨进行弯曲回弹分析。

2.5.1.2 弯曲回弹分析前处理

1. 定义单元

由于弹塑性变形基本上是由材料非线性,即结构的非线性的应力-应变关系引起的,因此根据材料及结构的特性,采用实体单元进行精密计算。在 ANSYS 中选择单元 Solid95。该单元的特点是:用于三维实体结构模型,为三维 20 节点实体。该单元是 Solid45 的高次形式,能够用于不规则形状结构的分析,而且不会在精度上有任何损失。该单元具有位移协调形状,适用于模拟弯曲边界。该元素由 20 个节点定义,每个节点有 3 个自由度,即 x、y、z 方向自由度;该单元在空间的方位任意,并具有塑性、徐变、膨胀、应力强化、大变形、大应变能力,同时提供了多种输出选项,完全符合实际材料结构特征。

2. 材料属性定义

ANSYS 中提供了多种塑性材料模型,其中弹塑性材料模型有以下几种:

(1) BKIN——经典双线性随动强化材料模型;

(2) MKIN 和 KINH——多线性随动强化材料模型;

(3) BISO——双线性等向强化材料模型;

(4) MISO——多线性等向强化材料模型。

这四种模型各有特点,本研究中选用经典双线性随动强化材料模型 BKIN。该模型使用两条直线斜率来表示应力-应变关系,包含包辛格效应,服从米泽斯屈服准则,初始模型为各向同性的材料小应变问题模型,正符合该导轨材料的特点。

3. 试验对象有限元模型的创建

试验对象的有限元模型,是由直接在 ANSYS 中创建的几何模型经扫掠网格划分得到的,如图 2-27 所示。根据简化原则,可对该模型的细节做简化处理,而不会影响到计算结果的精度,因此笔者在研究中对导轨周边小的倒圆角进行了简化。该模型由 6880 个单元及 30923 个节点构成,能有效保证计算的精确性。

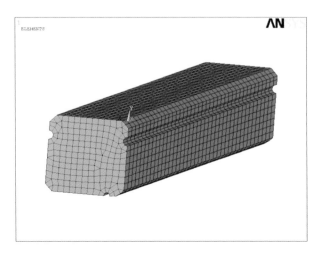

图 2-27　试验对象有限元模型

2.5.1.3　导轨的边界条件及加载求解

根据三点反弯压力矫直的实际工况来定义边界条件,支承跨距为 200 mm,跨距两端简支,在导轨中点施加载荷。在仿真中通过两个载荷步分别模拟加载和卸载过程。加载过程可以采用两种控制方式:位移加载和力加载。如图 2-28

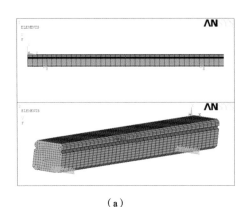

（a）

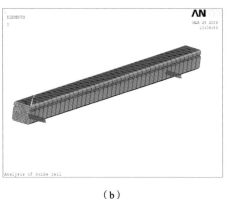

（b）

图 2-28　位移加载及力加载的加载约束

(a)、(b)所示分别为位移加载和力加载两种方式下的加载约束图。分析类型为静力分析,同时求解控制选项的设置会对结果产生很重要的影响。确定适当的载荷步和子步数、收敛准则以及输出选项,如图 2-29 所示。将一个载荷步分解成 100 个子步(以取得 100 组数据),缓慢加载模拟力。挠曲变形相对导轨整体而言属于小变形范围。

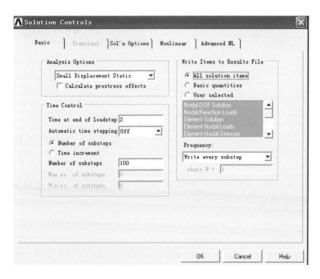

图 2-29　加载求解设置图

本研究对矫直过程采用行程控制[59]。首先模拟对中点加压到其位移为 3 mm(向下弯曲),从而得到导轨的载荷-位移模型。其次,采取力加载模式,加载一组不同的力进行仿真分析,可得到加载及卸载后相应的挠度及应力数据。整个过程可采用 APDL 语言(ANSYS 内部编程语言)进行参数化编程。

2.5.1.4　后处理结果分析

图 2-30 为在导轨中点加载到其位移为 3 mm 时导轨总体的位移变化云图,中间蓝色部分被下压到指定行程位置,下压位移为 2.941 mm。图 2-31 为卸载且导轨发生弹性回弹后的 Y 向位移云图,图中导轨中点部位不能回复到初始的平直状态,证明存在塑性变形,即残余变形,其中蓝色部分位移值为 −1.485 mm,即残余挠度为 1.485 mm。

由于压力矫直实质为反向弯曲的过程,因此,由前述给定一组不同的矫直行程/载荷进行加载-卸载分析,经处理可得到一组残余挠度、矫直行程、载荷数据,从而反求出导轨矫直的载荷-矫直行程曲线(见图 2-11),以及新的矫直行程预测模型——矫直行程-挠度曲线(见图 2-12)。

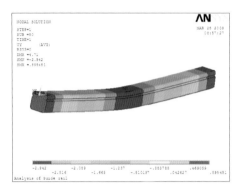

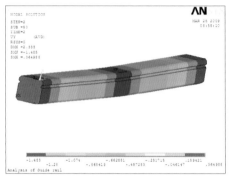

图 2-30　加载后的 Y 向位移云图　　　　图 2-31　卸载后 Y 向位移云图

　　图 2-32、图 2-33 分别为加载和卸载后的导轨应力云图,由图中的分布可以发现,加载时,导轨受压后的应力呈层状分布,超过了屈服强度的部位即已进入弹塑性状态(如红色部位,通过数值比较,可知此处应力大于屈服强度),与塑性变形区(见图 2-33)的应力分布较吻合。卸载后的残余应力也集中在受压点附近,而其他部分不受影响,与实际情况吻合。同样地,也可以从应力数值比较来判断导轨是否已进入弹塑性状态。

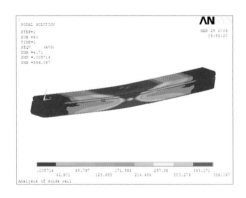

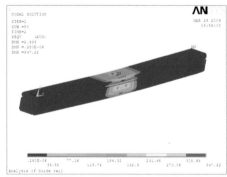

图 2-32　加载后导轨应力云图　　　　　图 2-33　卸载后导轨应力云图

　　除了可在 ANSYS 的 General Postprocess(一般后处理)模块中得到上述位移及应力结果外,还能在 Timehist Postprocess(时间后处理)模块中得到整个过程的力和位移随时间的变化关系。如图 2-34 所示为时间后处理中导轨中点加载时力与位移结果查看设置,在参数表中的"19751"为导轨中点的节点编号。通过符号转换可得到所需要的力和位移的结果。图 2-35 即为对导轨进行位移(导轨中点位移为 3 mm)加载时的载荷-矫直行程曲线,由该图可知,与由弹塑性理论建立的矫直模型一致,导轨载荷-矫直行程曲线中,直线段对应弹性阶段,直线段后为曲线段,对应弹塑性阶段。而图 2-36 是导轨中点在整个加载和卸载过程中的矫直行程随时间的变化曲线,可以看到加载段导轨中点位移与时间的关系为非线性的,而卸载段为线性的,进一步证明了材料力学卸载定律。图 2-37 为从软件中导出的加载段导轨中点处的载荷-位移数据,用以反求矫直模型。

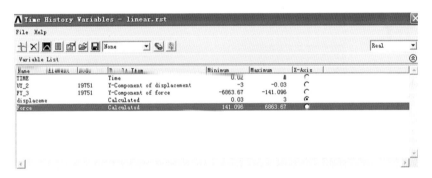

图 2-34 时间后处理导轨中点加载时力与位移结果查看设置

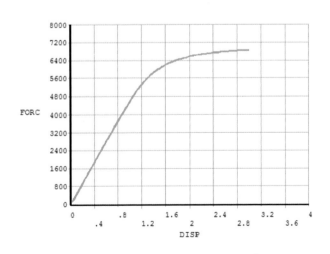

图 2-35 中点处加载段载荷-矫直行程曲线

数控矫直技术及智能装备

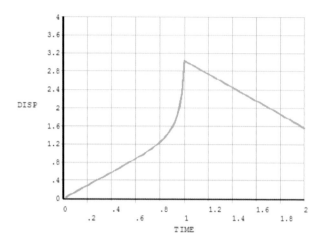

图 2-36 中点处矫直行程-时间变化曲线

```
 PRVAR     Command                                    X
File

          ***** ANSYS POST26 VARIABLE LISTING
*****

    TIME           6 ADD          7 ADD
                   displace       Force
                   ment
 0.20000E-01    0.300000E-01      141.096
 0.40000E-01    0.600000E-01      282.193
 0.60000E-01    0.900000E-01      423.289
 0.80000E-01    0.120000          564.385
 0.10000        0.150000          705.481
 0.12000        0.180000          846.578
 0.14000        0.210000          987.674
 0.16000        0.240000         1128.77
 0.18000        0.270000         1269.87
 0.20000        0.300000         1410.96
 0.22000        0.330000         1552.06
 0.24000        0.360000         1693.16
```

图 2-37 加载处载荷-位移数据

2.5.2 矫直过程的有限元分析

根据矫直理论进行有限元分析得到的载荷-矫直行程模型如图 2-38 所示。卸载时的载荷-矫直行程曲线较多,这里仅选择了两条曲线,从图中可以看出这两条曲线与弹性加载段基本平行,进一步证明卸载段为完全弹性段。曲线 1 为

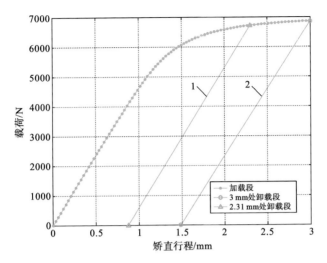

图 2-38 有限元分析得到的载荷-矫直行程模型

加载到导轨中点位移为 2.31 mm 时卸载而得到的载荷-矫直行程曲线,此时残余挠度为 0.884 mm。曲线 2 为加载到导轨中点位移为 3 mm 时卸载而得到的载荷-矫直行程曲线,此时残余挠度为 1.485 mm。

根据有限元分析得到的载荷-矫直行程曲线,可以按矫直机理中理论模型的三个阶段来建立数学模型,具体的构建方法将在后文中阐述。从总体上看,数学模型与理论模型趋于一致。

如前文所述,为了得到矫直更直观简便的模型,必须分析矫直行程与初始挠度之间的关系。从以往学者的研究来看,将两者之间的关系用幂函数表示更为准确。但是现有公式将两者的关系线性化了,因此有必要从这方面着手进行分析。

表 2-6 所示为由有限元分析得到的挠度和矫直行程数据。

表 2-6 由有限元分析得到的挠度和矫直行程数据

初始挠度/mm	矫直行程/mm
0.01	1.078
0.023	1.143
0.067	1.274
⋮	⋮
0.283	1.629

初始挠度/mm	矫直行程/mm
0.415	1.796
0.884	2.3
1.32	2.741
1.485	2.942

表中数据是通过将一组不同的载荷作用在导轨中点而得到的,将其以曲线的形式表现出来,如图 2-39 所示,即可建立挠度-矫直行程的预测模型。图 2-39 所示的曲线与由理论计算得到的趋于一致。采用类似幂函数的最小二乘多项式拟合,对数据进行处理,并最终得到确定的挠度与矫直行程关系式即预测公式。

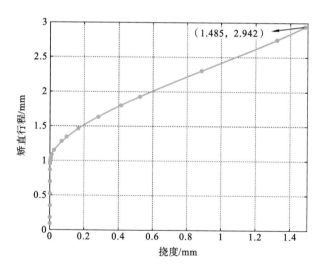

图 2-39　通过有限元分析建立的挠度-矫直行程预测模型

为了对比多步弯曲加载对试验样件的影响和矫直过程数学模型,使用 ANSYS 软件对弯曲加载过程和矫直过程进行数值模拟。

2.5.3　基于有限元法的载荷-矫直行程计算过程

2.5.3.1　弯曲加载过程分析

为了对比分析多步弯曲加载和一次弯曲加载对材料性能的影响,应用有限元分析软件建立试验样件的数值模型,计算弯曲加载过程并记录数据。在数值模拟过程中,所有设置均与实际试验过程一致。

每根导轨长度均为 220 mm,支承跨距为 200 mm,初始挠度为 0 mm。数值模型由 7890 个单元和 9433 个节点组成。部分材料性能参数来源于标准材料力学试验结果,泊松比为 $\nu=0.28$,采用三维实体单元(Solid45)以提升模拟结果的精度,同样,假设其材料为理想弹塑性材料。导轨的边界条件为:在实际负载情况下,对支承跨距两端进行双端约束,在样件中点进行加载。数值模拟过程包括加载和卸载两个阶段。使用 ANSYS 的参数化设计语言 APDL 对整个加载过程进行编程,在完成一组正常的加载过程后,相应的矫直行程和残余挠度都能在后处理中获取。

三个试验样件的最大的矫直行程分别是 4 mm、4.65 mm 和 1.6 mm。将数值模拟数据和试验数据进行对比,如图 2-40、图 2-41、图 2-42 所示。同时,为了详细描述数值模拟数据和试验数据,对数值模拟数据进行曲线公式拟合。拟合公式为

$$f(x_1)=-6.239x_1^6+99.23x_1^5-543.7x_1^4+1172x_1^3-1066x_1^2+3387x_1-19.89$$

$$f(x_2)=3.279x_2^6-39.66x_2^5+171.1x_2^4-330.8x_2^3+278.7x_2^2+37147x_2+6.054$$

$$f(x_3)=-1547x_3^6+9455x_3^5-17890x_3^4+7629x_3^3-156.8x_3^2+27700x_3+13.59$$

对比试验曲线(见表 2-7)和数值模拟曲线可知,二者在载荷和挠度分布状

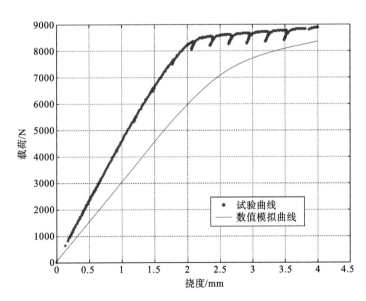

图 2-40　1 号样件试验载荷-挠度曲线与有限元数值模拟载荷-挠度曲线对比

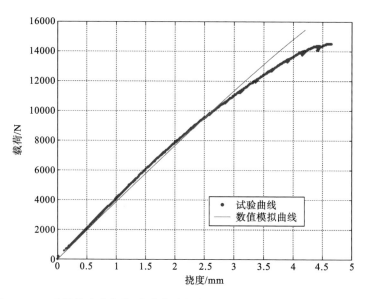

图 2-41　2号样件试验载荷-挠度曲线与有限元数值模拟载荷-挠度曲线对比

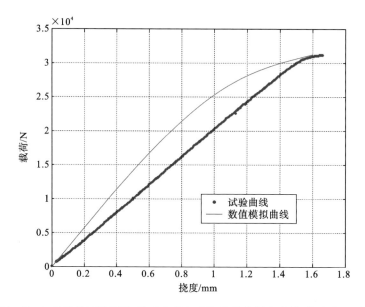

图 2-42　3号样件试验载荷-挠度曲线与有限元数值模拟载荷-挠度曲线对比

态上存在显著的区别,这在一定程度上说明多步加载的弯曲或者矫直方式不会对试验样件的弯曲特性有较大的影响。因此,在实际的矫直加工中,多步矫直操作在一定程度上是可行的,并不会对矫直零件的内在属性产生较大的破坏。

多步弯曲加载方法应用于矫直加工在一定条件下是可行的。

表 2-7 试验数据与数值数据误差情况

样件序号	最大误差/N	最大误差率	最小误差/N	最小误差率	平均误差/N	平均误差率
1	2249.18	25.40%	39.73	0.44%	1240.84	14.01%
2	2487.42	17.15%	0.38	0.003%	527.97	3.6%
3	5463.80	15.57%	266.59	0.85%	3080.42	9.9%

2.5.3.2 基于有限元的矫直过程分析

针对 1 号样件采用 ANSYS 软件进行三点反弯压力矫直过程的数值模拟。根据弯曲加载的数值模拟所得到的挠度数据,以反求的形式,将最终不破坏样件的最大弯曲挠度作为矫直过程模拟时的初始挠度,而其他的条件,如样件的基本属性和加载方式与试验条件均保持一致。

对样件进行多步矫直加载,初始挠度从 1.32 mm 逐渐减小到 0 mm,以 0.02 mm 的挠度递减量来进行数值模拟。在试验中,记录下矫直过程的载荷和样件挠度之间的关系、材料的应力-应变关系,建立载荷-挠度模型,并直接通过数值模拟出矫直行程与挠度的对应关系,仿真结果如图 2-43 所示,其中:图(a)为矫直行程为 1.92 mm 时的应力云图,图(b)为图(a)中样件状态所对应的应变状态,图(c)为矫直压力卸载后的应力云图,图(d)为矫直压力卸载后的应变云图。通过数值模拟所得到的载荷-矫直行程曲线如图 2-44(a)所示,所得到的矫直行程-挠度曲线如图 2-44(b)所示。基于有限元分析的矫直行程和初始挠度部分数据如表 2-8 所示,其中包括初始挠度与相应的矫直行程。

表 2-8 基于有限元分析的矫直行程和初始挠度数据

初始挠度/mm	矫直行程/mm	初始挠度/mm	矫直行程/mm
0	0	0.005	1.039
2.18×10^{-9}	0.172	0.01	1.078
1.15×10^{-8}	0.344	0.023	1.143
3.57×10^{-8}	0.5163	0.067	1.274
5.70×10^{-8}	0.6887	0.098	1.339
1.57×10^{-7}	0.8612	0.166	1.46
5.49×10^{-5}	0.9475	0.283	1.629
0.00045	0.9652	0.415	1.796
0.0012	0.9832	0.525	1.923
0.00215	1.001	0.884	2.3
0.0034	1.02	1.32	2.741

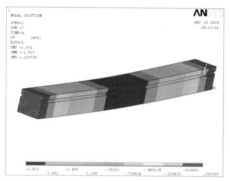

（a）

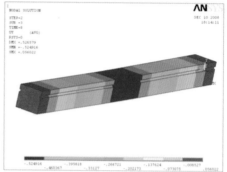

（b）

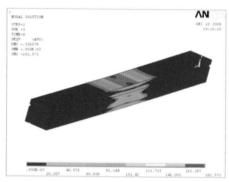

（c）

（d）

图 2-43　弯曲加载的有限元仿真结果

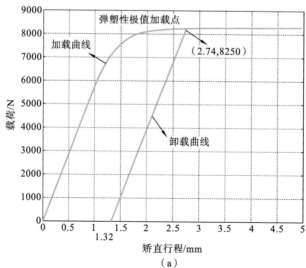

（a）

图 2-44　基于有限元分析的载荷-矫直行程曲线和矫直行程-挠度曲线

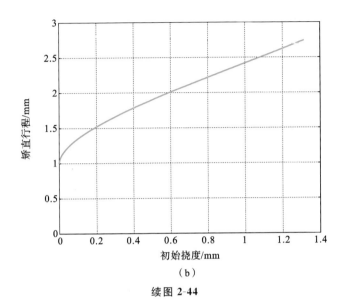

（b）

续图 2-44

2.5.3.3 基于多重方法的矫直行程预测公式

根据理论计算、试验和有限元数值模拟的结果,建立载荷-矫直行程数学模型,如图 2-45(a)所示。三条曲线十分相似,曲线变化符合矫直过程的载荷-矫直行程变化关系。但是,各模型的弹塑性阶段所对应的矫直载荷并不相同,有限元分析值最大,理论值最小,试验值居中。矫直理论分析是基于理想材料和假设条件的,而实际上弹塑性材料的变化过程较为复杂,且构成导轨的金属是强化材料,试验值向矫直载荷和矫直行程正方向移动是比较正常的。分析有限单元法的结果可知,其最大载荷值与试验值基本相当,最大的矫直行程又与理论值误差不大,说明在材料屈服强度和强化准则方面,有限元模型更接近试验结果。由于在弯曲试验过程中采用了消除间隙的预加载方法,因此其初始挠度和实际加载行程的计算存在一定的误差,导致整个有限元数值模拟曲线向矫直行程负方向平移。

对试验、有限元分析和理论计算所得到的矫直过程数据做对比、整理、去噪后,建立矫直行程-挠度模型,如图 2-45(b)所示。利用 MATLAB 软件进行拟合,所得到的矫直行程预测公式为

$$s = -0.1398 D^3 - 0.1268 D^2 + 2.369 D + 0.9066 \quad D \in (0, 1.4) \quad (2\text{-}57)$$

式中:s 是矫直行程;D 是初始挠度。该公式适用于初始挠度范围为 $0 \sim 1.4$ mm 工件的矫直加工。超过该范围的工件由设备直接认定为废品或者经热处理之

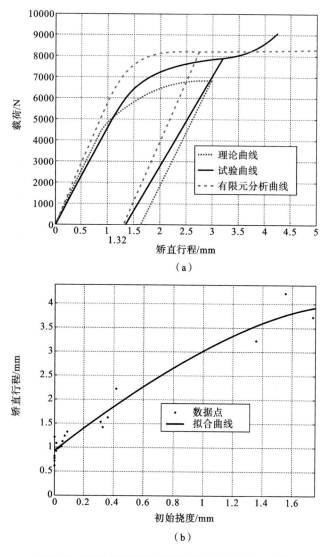

（a）

（b）

图 2-45　载荷-矫直行程曲线和矫直行程-挠度曲线

后再进行加工。该模型可应用于与 1 号样件有相同条件的工件矫直加工过程
中的行程预测。

　　根据回弹控制理论和考虑各向异性的矫直行程计算方法，重新进行计算，
对载荷-矫直行程模型进行修正，得到面向回弹控制的载荷-矫直行程曲线（见图
2-46（a））和矫直行程-挠度曲线（见图 2-46（b））。同时，根据相应的数据对矫直

行程预测公式进行改进,使矫直行程的预测精度提高了 5%,同时,矫直加工的范围,即可加工工件的初始挠度由 0~1.4 mm 扩展到了 0~2.5 mm。改进的矫直行程预测公式为

$$s = 0.2802 D^3 - 1.3483 D^2 + 3.0023 D + 0.3989 \quad D \in (0, 2.5) \quad (2\text{-}58)$$

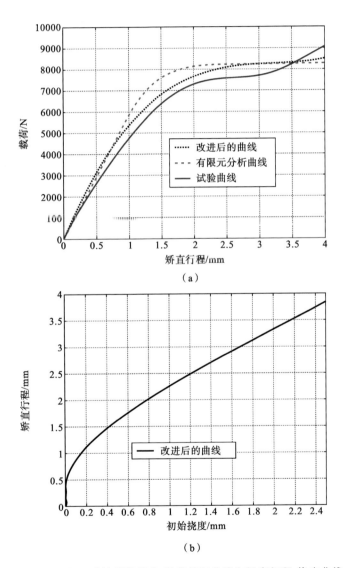

图 2-46 面向回弹控制的载荷-矫直行程曲线和矫直行程-挠度曲线

2.6　本章小结

　　本章主要阐述了数控矫直机理的相关内容，通过分析矫直加工过程，以弹塑性力学和材料力学为基础建立了矫直过程数学模型，并以此为基础，详细介绍了面向回弹控制、基于弹塑性弯曲和矫直试验、基于有限元法的数控矫直行程的计算方法。

第3章
数控矫直工艺设计

常规的反弯压力矫直技术,主要是针对具有单弧度弯曲的典型金属条材,在这种情况下应用简支梁变形的基本假设和有关定理是可行的。然而,在实际三点反弯压力矫直加工中,在工艺设计时,就要考虑工件的放置状态、支承方式、可加工长度和实际加工长度等。同时,工件在未测量前,或者未实际装夹前,其挠度信息存在着不确定性。因此,也无法预先确定工件在三点反弯压力矫直加工过程中的最合理的支承点和矫直下压点,更遑论在满足现阶段对数控矫直工艺要求的情况下,进一步提高矫直加工效率和实际加工效果。"测量→矫直→测量"是一个循环控制过程,以使加工精度满足预定要求,从而完成矫直加工。

本章将从金属条材数控矫直工艺流程入手,提出一种适合长条形零件的矫直加工工艺方法,着重解决如何应用数控矫直加工中的矫直行程预测模型,快速进行矫直行程的计算,以及如何制定有效的矫直加工工艺路线来完成典型精密金属条材的实际加工过程两个问题。

3.1 数控矫直加工过程的工艺要求

3.1.1 数控矫直加工对象的特点和加工

典型金属条材的特点是截面尺寸和长度尺寸变化较大,直线精度要求高。常规矫直工艺都是采用辊式矫直法,其效率高,矫直精度可以满足一般应用的要求,缺点是矫直行程和精度可控性差,无法针对某一特定区域进行加工。为适应典型金属条材的反弯压力矫直加工,需要设计一种有较强适应性的矫直加工方式,以提升典型金属条材的直线精度。

在研究中我们采用了一种具有可移动支点,有着较高矫直行程调整精度的反弯压力矫直方案,主要目的是解决以下几个难点问题:

(1)矫直行程控制精确性问题 主要包括如何获取精确的矫直行程,如何实现矫直行程的精确控制。矫直行程控制的精确性无论是在结构还是在测量上都需要得到保证。

（2）加工零件的适应性问题 由于型号众多，典型精密金属条材截面和长度尺寸各不相同，故需要对一定范围内的零件的加工具有适应性，能够考虑工件的长度尺寸、截面尺寸和挠度的弯曲方向。

（3）工件挠度位置不确定性问题 由于工件的挠度存在随机性，即使在矫直之前已经测得工件的挠度分布情况，也必须让矫直支点能够适应工件的弯曲状态，以便自动化矫直加工顺利进行。

（4）矫直加工自动化的问题 在传统的反弯压力矫直加工过程中，测量、进料和矫直行程设定等工序的自动化程度不高，大部分工序都需要人的参与，矫直加工的效率和精度均不高。

3.1.2 数控矫直加工设备的组成形式

针对数控矫直加工对象的特点，我们在研究中采用了一种具有可移动支点的矫直设备，该设备的具体布置情况如图 3-1 所示。

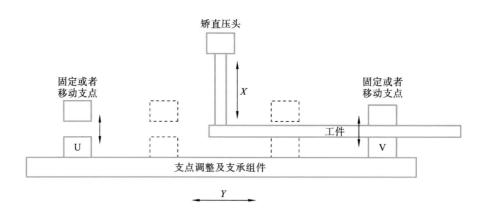

图 3-1 矫直设备具体布置情况

本设备采用三点支承反弯压力矫直方式，其主要特点是：

（1）矫直压力机构布置于设备正中间，主要用于提供矫直力，其加工方向用 X 来表示。矫直压力机构工作部件称为矫直压头或者矫压机构。矫直压头具有可沿着 X 正负两个方向对工件进行推与拉矫直操作的能力，即可针对具有正负挠度的工件提供两个方向的矫直压力，而无须对工件进行重新装夹或者翻转工件。

（2）工件支承点分置于矫直压头的两侧，呈对称布置。一般支点的位置和数量一一对应,以便对应调整支承跨距。如果仅采用两个支点,则支承进给组件 U 和 V(见图 3-1)可沿着工件进给方向运动,因此其兼有支承和夹持输送工件的功能。组件 U 和 V 为同步运动机构,其运动规律相同,但方向相反,即组件 U 向右运动时,组件 V 向左运动,移动的距离是相等的。组件 U 和 V 的夹头均可以沿着与 X 方向平行的方向运动,来夹持和松开工件。

（3）设工件的进给方向为 Y,由于设备采用轴对称形式布置,工件可从左端或者右端输入。当工件较长时,可以在夹持输送组件的外部采用辅助输送机构进给工件。组件 U 和组件 V 可不断地夹持、松开工件,并沿着 Y 方向往复运动,将工件逐段输送到矫直加工区域内。

（4）组件 U 与组件 V 作为三点反弯压力矫直的支承将工件两端夹持,形成简支梁状态。此时,可对处于简支状态的工件待加工段进行挠度测量,根据测得的挠度数据计算矫直行程后,进行矫直加工。

3.2 数控矫直加工工艺流程设计

3.2.1 数控矫直加工的装备基础

根据矫直加工的基本设计策略,对各个部件的结构进行细化,兼顾矫直加工过程的自动化。实现该矫直加工基本策略的结构框图如图 3-2 所示。

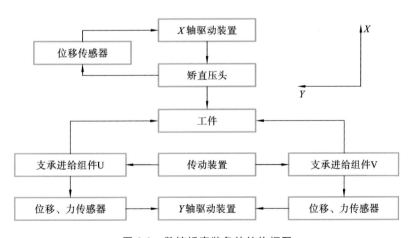

图 3-2　数控矫直装备的结构框图

图中 X 轴为矫直设备的主轴,为矫直加工提供动力。将压头设计成"口"

形,使工件穿过矫直压头,可同时实现对存在正向弯曲挠度工件和存在负向弯曲挠度工件的加工。由于矫直压头采用行程控制,其位移量将由位移传感器获取,从而构成矫直加载过程的闭环控制系统。

Y 轴输送组件采用同步运动规律设计,由同一传动带驱动一对夹持输送组件运动,以实现支承进给组件沿 Y 轴以相同的运动规律的反向输送运动。支承进给组件 U 与 V 之间的相对位置即为工件的矫直跨距,因此,需要精确控制两者之间的距离,其位移量也由位移传感器获取,从而构成输送组件的闭环控制。

支承进给组件 U 与 V 成对对称布置并设计有夹头,其一端固定,一端可以相对于固定端移动,以实现夹持工件。在夹头靠外的一侧均装有工件有无检测传感器,用于检测工件是否进入夹头可以夹持的范围内。

各运动部件均安装有位移传感器,构成全闭环或者半闭环控制系统,以检测其运动规律是否满足设计要求。

为适应工件在长度方面的要求,在矫直设备输入端和输出端均布置有辅助输送组件,即输送辊道,在加工过程中起输送和辅助支承作用。

3.2.2 数控矫直加工的工艺流程

根据矫直设备的基本结构和加工流程设计策略,典型金属条材数控矫直工艺的基本流程(以工件从右端输入为例)如下。

步骤 1:回零。使矫直设备各个运动组件(各轴)回到初始位置,等待加工。

步骤 2:进料。将工件放置在辅助输送组件上,调整工件位置,启动矫直加工流程,驱动辅助输送组件正向运转。

步骤 3:工件有无检测。辅助输送组件将工件输送入矫直设备,检测工件是否进入组件 U 或者组件 V 的夹持范围。因该部件对称布置,无论是从左侧还是右侧,均可输入工件,且加工效果都一致。

步骤 4:夹持工件。工件有无检测传感器检测到工件后,辅助输送部件停止输送,组件 U 夹持工件,当夹持力矩达到预定值后,夹持动作结束。

步骤 5:首次进给。驱动 Y 轴输送组件使组件 V 向矫直压头靠近,也就是沿着 Y 轴的正方向运动,而此时,组件 U 以相同的速度向矫直压头靠近,但部件 U 处于松开状态。

当组件 V、U 运动到 Y 方向上的极限位置时停止,组件 V 并松开工件,向着远离矫直压头的方向运动,即沿着 Y 轴的负方向运动;当组件 V 运动到既定位置时,夹持工件。

步骤 6:前置正常进给。驱动 Y 轴输送组件,使组件 V 沿 Y 轴正方向运动到既定位置,然后组件 U 夹持工件,形成两端简支的状态。

    步骤 7:挠度测量。挠度测量装置对工件的挠度进行测量,反馈挠度数据给矫直行程预测模块,以计算矫直行程。如工件直线度满足要求但未到达末端,则进入步骤 10;如工件直线度满足要求,且工件已经到达末端,则进入步骤 11;如工件直线度不满足要求,则进入步骤 8。

    步骤 8:行程计算。根据矫直理论数据、试验数据和加工数据,计算矫直行程。

    步骤 9:矫直加工。驱动 X 轴压力机构对工件进行反弯矫直加工,卸载并等待其弹性回复后,返回步骤 7。

    步骤 10:后置正常进给。组件 V 夹头松开,沿着 Y 轴负方向移动到预定位置,再次夹持工件,组件 U 夹头松开,返回步骤 6。

    步骤 11:加工结束。组件 V 松开工件,组件 U 夹头沿着 Y 轴负方向移动,将工件向外输送,运动到 Y 轴的极限位置后,组件 U 松开工件,驱动辅助输送组件正向运转,将工件输送出矫直设备,加工结束。

    矫直工艺流程图如图 3-3 所示。

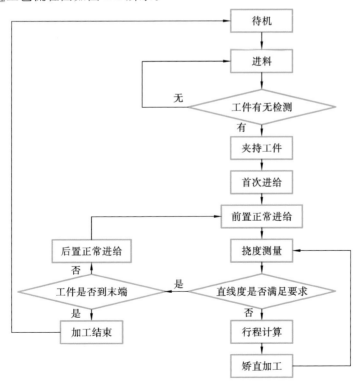

图 3-3 矫直工艺流程图

3.3 数控矫直加工过程的矫直行程预测

3.3.1 数控矫直行程预测函数模型

在矫直加工过程中,与矫直结果直接相关的宏观矫直参数只有矫直行程与初始挠度。由矫直机理研究可知,当载荷-矫直行程预测模型建立之后,根据载荷-矫直行程预测模型中弹塑性弯曲曲线与卸载曲线交点的挠度值,即可确定矫直行程。在常规矫直加工中,若已知载荷-矫直行程预测模型,在获取矫直工件的挠度状态后,就可以计算得到矫直该工件所需的矫直行程。在理想状态下,可以根据零件挠度与矫直行程映射关系构建一条连续、光滑、单调递增的曲线。

但是,由于零件材料本身以及热处理加工过程存在差异性,即使同一批待加工零件,零件长度、截面形状相同,其性能参数也很难完全一致。同时,部分零件存在着初始应力,仅仅根据载荷-矫直行程预测模型来精确预测矫直行程和相关加工参数是远远不够的。此时,可以载荷-矫直行程预测模型为基础,构建一个矫直行程预测模型,来确定矫直行程与初始挠度之间的关系。

对于某一批零件,有下列关系:

$$\delta_{\Sigma}|_i = f(\delta_0|_i - \delta_c|_i) + \varepsilon_i \quad i = 1, 2, 3, \cdots, n \qquad (3-1)$$

式中:δ_{Σ} 为矫直行程;δ_0 为零件的初始挠度;δ_c 为零件的残余挠度;ε 为其他随机因素;n 为轴类零件数量。

ε 满足下列关系:

$$\begin{cases} E(\varepsilon_i) = 0 \\ \mathrm{var}(\varepsilon_i) = \sigma^2 \end{cases} \quad i = 1, 2, 3, \cdots, n \qquad (3-2)$$

式中:函数 f 为理想轴类零件矫直行程与变形量之间的关系函数;变量 ε 为其他不可观测的随机误差,这里主要包括材料行程参数的波动及零件的初始应力。矫直行程预测的基本原理就是要找到合适的函数关系 f。

矫直行程预测函数是数控矫直智能装备进行矫直加工应用的理论基础,而数控矫直专家系统是数控矫直装备控制软件的核心,其可应用在线识别技术和传感器在线监测技术,实时记录矫直过程和修正载荷-矫直行程预测模型,并形成数控矫直行程预测数据库。数控矫直专家系统可根据工件弯曲状态,精确预测矫直行程,实现精密矫直加工。

3.3.2 数控矫直专家系统总体架构

数控矫直专家系统以矫直工艺数据库为基础,以矫直知识库和推理规则为核心。根据数控矫直智能装备的加工对象的特点,结合工艺参数与矫直行程参数,指定推理规则,以矫直加工大数据为知识来源,根据工件的几何形状、材料特性、热处理状态和支承方式进行推理和求解,得到工件初始挠度所匹配的矫直行程。同时,设立自学习机制,将每次矫直过程的工艺参数都采集和保存在矫直工艺数据库中,以提升数控矫直专家系统的推理能力,并增加矫直加工的数据积累,丰富矫直知识库,提高矫直行程的预测精度。

根据以上需求,笔者提出了数控矫直专家系统的整体构架,如图 3-4 所示。当数控矫直控制系统向数控矫直专家系统提交矫直需求时,用户可以通过用户界面对知识库发出搜索请求,将与本次矫直有关的数据发送给数控矫直专家系统,数控矫直专家系统数据库响应请求后,通过执行程序的有关处理,在推理机中结合用户提供的初始数据进行计算,得到矫直工件所需的矫直行程并反馈给控制系统。控制系统根据矫直行程驱动执行机构完成本次矫直,矫直完成之后,系统的位置感知装置会检测工件矫直状态,判断矫直加工结果是否满足要求,并且将其矫直状态数据存储到知识库中,完成矫直知识学习和应用过程。

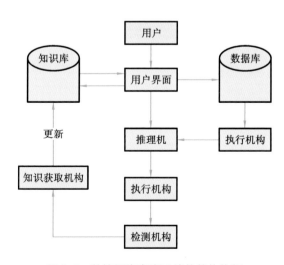

图 3-4 数控矫直专家系统的整体构架

从图 3-4 所示的整体构架可以看到,本书所研究的数控矫直专家系统主要包含用户界面、知识库、推理机、数据库、知识获取机构等五个部分。

3.3.3　数控矫直专家系统的知识库创建

知识库是组成整个数控矫直专家系统的核心部分。创建知识库实际上就是知识库获取知识和表示知识的过程。目前知识获取的方式分为非自动型知识获取和自动型知识获取。非自动型知识获取是通过人工编辑的方法将获取到的知识输入知识库。自动知识获取是指知识获取不再由人工输入实现,由系统自动完成一切处理过程。笔者将以上两种方式有机地结合在了一起,在前期研究过程中,将每次矫直的矫直结果记录下来,并以手工输入方式输入数据库中保存。同时,在数控矫直专家系统程序设计过程中,设置将后续加工的加工结果自动保存到数据库中,从而实现数控矫直专家系统的知识自动存储、分类和学习功能。但是,随着矫直过程的深入,数据库中数据会变得越来越多,最后必然会出现数据冗余情况。因此,在数控矫直专家系统知识库的设计过程中,还必须设计知识库升级和维护功能,用户可凭借此功能对数控矫直专家系统中的知识进行查询、添加、修改、删除等必要的维护。

知识库创建过程的第一步是分析知识库中各元素的组成。由矫直理论研究可知,影响矫直行程的因素多种多样,如材料参数、几何特性、加工参数等等,它们都需要存于以数据库为表现形式的知识库中。因此,数据库的创建是一项十分繁杂的工作,在组建过程中,需要一定的载体来承载矫直数据。随着计算机软件技术的不断进步,在市面上出现了许多功能丰富的面向对象数据库系统开发工具,如常用的 Oracle、SQL Sever,以及 Office 自带的 ACCESS。它们不仅具有处理复杂数据的能力,而且比较适合用于在微机上开发各种工程数据信息管理系统。

数据库的创建过程具体为:首先,对数据库功能结构进行分析。数控矫直数据库中的数据并不局限于基础数据、导轨弯曲状态数据和矫直加工时所需矫直行程与挠度的映射关系,该数据库还提供了整个系统运行中其他数据的存储查询功能,是集数据存储和数据处理功能于一体的数据库系统,能够为数控矫直专家系统提供数据查阅功能。基础数据是指矫直加工对象和矫直过程中的一些矫直参数,如零件类型、材料特性、计算公式等等。为便于数据库的管理维护,根据数据的结构体系、用户权限需要设置多种数据查找方式。

(1)多目标查找:根据不同的试验对象,需要建立多个目标体系,用户可以通过各目标层次进行查找。

(2)零件编号查找:根据加工需求,每种零件都会有一个独立的零件编号,通过零件编号可以实现精确查找。

（3）模糊查找：通过输入不全的名称和编号，进行"大于""小于""包含"等多种条件下的模糊查找。

根据不同的数据结果、数据表现形式，笔者所开发数据矫直数据库提供了以下两种查阅方法。

（1）表格查阅：这是本数据库查阅的主要方式，主要由二维表格组成。

（2）图形查阅：该查阅方式主要是根据矫直加工对象截面形式进行查阅。

如图 3-5 所示，数控矫直数据库主要由材料属性表、零件型号表、加工参数表、权限设置表、中间变量表五个表格组成。

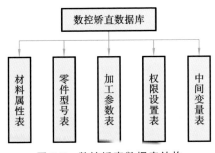

图 3-5　数控矫直数据库结构

（1）材料属性表：该表格记录了各种工件的材料参数，如零件编号、弹性模量、屈服强度、泊松比、惯性矩等参数。

（2）零件型号表：该数据表格记录了各种工件材料的材料特性，如截面形状、热处理方式、零件长度、放置方式等等。

（3）加工参数表：加工参数表主要记录每次矫直的矫直结果，以及前期输入的矫直信息，主要包括零件编号、初始挠度、矫直行程，如图 3-6 所示。

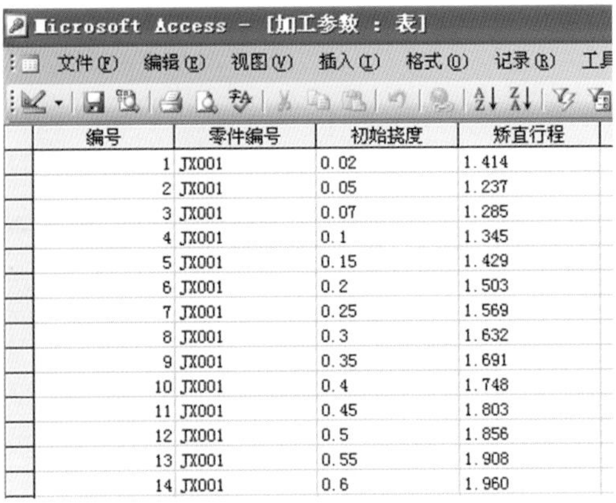

编号	零件编号	初始挠度	矫直行程
1	JX001	0.02	1.414
2	JX001	0.05	1.237
3	JX001	0.07	1.285
4	JX001	0.1	1.345
5	JX001	0.15	1.429
6	JX001	0.2	1.503
7	JX001	0.25	1.569
8	JX001	0.3	1.632
9	JX001	0.35	1.691
10	JX001	0.4	1.748
11	JX001	0.45	1.803
12	JX001	0.5	1.856
13	JX001	0.55	1.908
14	JX001	0.6	1.960

图 3-6　加工参数表

（4）权限设置表：该数据表格用于存储用户信息，如用户名、密码等信息。

（5）中间变量表：该数据表主要用于实现矫直系统中间变量的写入和读取，与矫直预测模块无关。

综上所述，数控矫直数据库中的五个表格分别记录了不同的数据，其中加工参数表记录的实质上主要是工件初始挠度和将工件矫直所需的矫直行程之间的映射关系，这也是基于数据库的矫直行程预测方法的核心内容，针对一些需要批量加工的特定加工对象，可以此为基础建立基于行程预测的数控矫直专家系统。

3.3.4　数控矫直专家系统推理规则

在专家系统求解问题的过程中，推理机的基本任务是决定下一步该做什么，即选择哪些知识完成哪些操作，以及通过操作来修改和增加全局数据库的内容。在问题的求解过程中，每条知识的可用与否取决于这条知识同当前知识库中内容的匹配程度，即使匹配，知识的最终选择和运用仍然要由推理机确定。笔者所开发的数控矫直专家系统的预测对象为存在初始弯曲变形的矫直加工工件。在选择知识进行求解的过程中存在以下三种情况：

（1）在加工参数表中可以找到待加工零件的加工信息，并且待加工零件的初始挠度和零件编号均与表中某一行中的数据相同，此时，可认为输入参数与知识库中已有知识完全匹配。

（2）待加工零件的零件编号与表中某些数据相同，但是其对应的初始挠度不同，此时，可认为输入参数与知识库中已有知识不完全匹配。

（3）在加工参数表中找不到待加工零件的加工信息，此时，可认为输入参数与知识库中已有知识不匹配。

专家系统推理控制策略一般有两种，即正向推理控制策略和逆向推理控制策略。通过正向推理，用户可以主动提出问题有关信息，系统会对用户输入信息进行快速反应，因此数控矫直专家系统采用的是正向推理。正向推理是专家系统解决问题的基本技术，其基本控制思想为：从已有的信息（事实）出发，寻找可用知识并通过消解冲突选择启用知识，执行启用知识来改变求解状态，逐步解决问题[46]。正向推理一般应具备存放知识的知识库（KB）、存放当前状态的数据库（DB）以及进行推理的推理机。笔者所开发的数控矫直专家系统的推理机的工作流程为：用户将与求解问题有关的信息（事实）存入数据库，这些信息包括零件编号、输入参数与知识库中已有知识的匹配程度、工件初始挠度等。推理机根据这些信息与知识库中数据的匹配程度，从知识库中选择合适的知识，得出新的信息存放于数据库，再根据当前状态选用知识（在数控矫直数据库中表现为弹塑性理论计算模块或插值计算模块)进行推理,并将此过程不断重复,直到给出问题的解。

　　具体的推理过程如图 3-7 所示。在用户通过人机界面输入初始数据后,系统会通过匹配操作得出结论。如果属于完全匹配,则系统会直接调用数据库中已存储的结果;如果属于部分匹配,则系统会根据数据库中数据进行插值计算得出矫直行程;如果不匹配,那么系统就会调用理论计算模块通过理论计算得出相应结果。

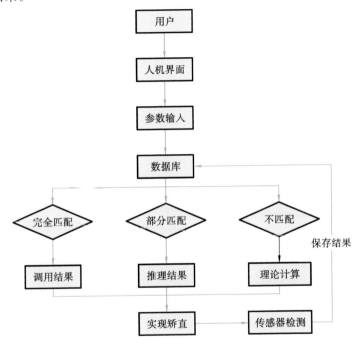

图 3-7　数控专家系统推理流程图

3.3.5　插值计算实现方法

　　插值法是一种古老的数学方法,是人们在生产实践中总结出来的一种处理数据、解决问题的方法。早在一千多年前,线性插值和二次插值就广泛应用到了历法研究中。随着微积分的产生和发展,插值法基本理论和算法得到逐步完善,并在工程地质测量、机械设计制造以及信号分析等实践中得到了广泛的应用。尤其是在最近几十年,样条(spline)插值展现了其强大功能,获得了人们的青睐。目前比较常用的是多项式插值和样条插值两种插值法。参考前面的矫直行程-挠度模型,笔者选用三次样条插值实现了对部分匹配情况下矫直行程的计算。三次样条插值的定义如下[172]。

函数 $S(x) \in C^2[a,b]$，其在每个小区间 $[x_j, x_{j+1}]$ 上是三次多项式，其中 $a = x_0 < x_1 < \cdots < x_n = b$ 是给定节点，则称 $S(x)$ 是节点在 $x_0, x_1, \cdots, x_n$ 上的三次样条函数，若在节点 x_j 上给定函数值 $y_i = f(x_j)(j = 0, 1, \cdots, n)$，并且有

$$S(x_j) = y_j \quad j = 0, 1, \cdots, n \tag{3-3}$$

则称 $S(x)$ 为三次样条插值函数。

3.3.6 数控矫直专家系统应用实例

1. 数控矫直专家系统知识库的设计

数控矫直专家系统知识库用来存储数控矫直机加工的相关参数，并运用这些参数进行矫直行程的预测。通常知识库是以数据库的形式来实现的。表3-1、表3-2所示是以数据库表格的形式来记录知识库存储的相关信息。

表 3-1 矫直加工工艺参数

编号	字段名称	数据类型	说明
1	ID	Int	编号，主键
2	Artifact_Models	Varchar	工件型号
3	Span	Float	支承跨距
4	Deflection_Initial	Float	工件初始挠度
5	Stroke_Current	Float	当前矫直行程
6	Deflection_Residual	Float	工件残余挠度
7	Lifetime	Int	数据生存期

表 3-2 BP 神经网络参数表

编号	字段名称	数据类型	说明
1	Artifact_Models	Varchar	工件型号，主键
2	Span	Float	支承跨距，主键
3	Weight_1_1	Float	输入层隐含层间权值1
4	Weight_1_2	Float	输入层隐含层间权值2
5	Weight_1_3	Float	输入层隐含层间权值3
6	Weight_2_1	Float	输出层隐含层间权值1
7	Weight_2_2	Float	输出层隐含层间权值2
8	Weight_2_3	Float	输出层隐含层间权值3
9	Threshold_1_1	Float	隐含层阈值1
10	Threshold_1_2	Float	隐含层阈值2
11	Threshold_1_3	Float	隐含层阈值3
12	Threshold_2_1	Float	输出层阈值1

表 3-1 中增加了数据生存期项,设置生存期是为了使数据库中的数据不至于变得太庞大,大量的数据对矫直行程预测并没有多大的帮助。新插入数据时,数据的生存期为 300(初次拟定生存期为 300),以后每插入一个数据,数据库中该型号和该矫直跨距下的所有数据项的生存期都会减 1,因此可保证数据库中这一类数据的最大数量不超过 300。表 3-2 针对特定的工件型号和特定的矫直跨距,记录了神经网络的权值和阈值参数,这是因为对于每一个特定型号工件和特定跨距,系统都会用一个 BP 神经网络来预测结果,且对应不同型号、不同跨距工件的 BP 神经网络的网络参数会不相同,因此需要分类记录网络参数。预测矫直行程时,推理机会从知识库中查询待加工工件型号和跨距对应的网络参数,并用该参数对神经网络进行赋值,然后用神经网络预测矫直行程。根据预测数据进行矫直加工后,检测工件的残余挠度,并将当前工件的初始挠度、矫直行程、残余挠度等数据输入数据库,推理机再查询数据库中的相关数据,对神经网络进行训练,并更新数据库中的网络参数,以便下一次矫直行程预测调用。这样做是因为矫直机是间歇式工作的,而神经网络的训练需要较长时间,所以在矫直加工的间歇时间段内进行神经网络的训练,预测矫直行程时直接调用训练好的网络参数,这样做可保证系统高效率工作。

2. 数据矫直专家系统界面设计

如图 3-8 所示,在数据矫直专家系统界面的左部分输入工件的初始挠度,单击"行程预测"按钮,进入行程预测模块,系统会预测工件的矫直行程,依据此行程进行矫直加工后检测工件的残余挠度并输入"残余挠度"文本框,然后单击"插入知识库"按钮,此组数据即被插入数控矫直专家系统知识库,同时系统界面右侧的矫直行程预测曲线会进行更新,依据行程预测模块,可以很方便地进

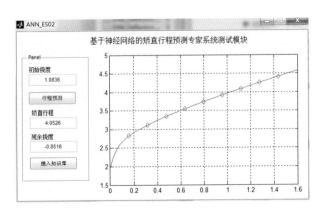

图 3-8　数控矫直专家系统行程预测界面

数控矫直技术及智能装备

行试验。

从数控矫直专家系统知识库中导出试验数据，如表 3-3 所示，其中第 1～10 组数据为基于弹塑性理论的数控矫直专家系统初始化数据。

表 3-3　数控矫直专家系统知识库数据实例

序号	初始挠度/mm	残余挠度/mm	矫直行程/mm	序号	初始挠度/mm	残余挠度/mm	矫直行程/mm
1	0	0	1.9855	31	1.2327	−0.1999	3.5873
2	0	−0.1593	2.8268	32	0.8485	−0.1927	3.1624
3	0	−0.3186	3.1145	33	0.0816	−0.4726	2.4328
4	0	−0.478	3.3452	34	0.3900	−0.2585	2.6637
5	0	−0.6373	3.5492	35	0.8837	−0.4491	3.1636
6	0	−0.7966	3.7375	36	0.7196	−0.1530	2.9722
7	0	−0.956	3.9155	37	0.2980	−0.3658	2.5757
8	0	−1.1153	4.0861	38	0.3585	−0.3119	2.6088
9	0	−1.2747	4.2513	39	1.1703	−0.1843	3.5461
10	0	−1.434	4.4123	40	0.9260	0.0933	3.1377
11	1.0836	−0.8516	4.0526	41	0.2162	−0.5862	2.8191
12	0.1427	−0.6505	2.7814	42	1.0742	−0.3134	3.4703
13	1.0008	−1.0766	4.2372	43	0.6023	−0.1538	2.8294
14	0.4446	−0.7286	3.2909	44	0.6936	−0.1926	2.8945
15	0.8978	−0.5748	3.5433	45	1.0609	−0.0247	3.3286
16	0.2278	−0.6743	3.0117	46	0.6018	−0.1523	2.7944
17	0.6546	−0.5358	3.3713	47	0.0216	−0.5388	2.4021
18	0.0190	−0.3604	2.1183	48	0.1120	−0.4114	2.4267
19	0.3435	−0.5071	2.8704	49	0.8866	−0.0259	3.0772
20	0.3955	−0.4309	2.9141	50	0.6690	−0.0574	2.8223
21	0.7671	−0.5002	3.3064	51	1.3899	−0.0852	3.6913
22	0.3226	−0.5497	2.8575	52	0.1423	−0.4301	2.4231
23	0.5192	−0.2410	2.9873	53	0.5631	−0.1808	2.7
24	1.1217	−0.2984	3.5716	54	0.8190	−0.0674	2.9757
25	0.6204	−0.3143	3.0312	55	0.1675	−0.3748	2.4263
26	0.0836	−0.4705	2.4048	56	1.3567	−0.0760	3.6612
27	0.5850	−0.2712	2.9477	57	0.9499	−0.0428	3.1391
28	0.7117	−0.2557	3.033	58	1.3581	−0.0682	3.6555
29	1.2380	−0.2122	3.6779	59	0.9458	−0.0528	3.1305
30	0.4555	−0.2901	2.7835	60	0.0213	−0.3959	2.356

3. 数控矫直专家系统知识获取方法对比分析

图 3-9 所示为由基于弹塑性理论的矫直行程预测方法(以下简称弹塑性方法)、基干有限元法的矫直行程预测方法(以下简称有限元法)和基于弯曲试验的矫直行程预测方法所绘制的矫直行程-挠度曲线(又称矫直行程预测模型)的对比。从图中可以看出,基于有限元法的矫直行程预测方法的预测结果误差最大,基于弹塑性理论的矫直行程预测方法与基于有限元法的矫直行程预测方法的预测结果误差相近。基于弹塑性理论的矫直行程预测方法和基于有限元法的矫直行程预测方法在建模的过程中都进行了过多的简化,结果导致了较大的误差,若是运用相应的模型来指导矫直过程,很容易发生"过矫直",导致需要进行多次矫直,因此很容易将工件折断。

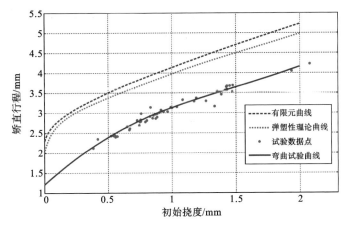

图 3-9　矫直行程预测方法对比分析

4. 数控矫直专家系统行程预测精度及学习过程分析

图 3-10 所示为初始状态下数控矫直专家系统的行程预测曲线。在初始状态下,知识库中的数据只包含弹塑性理论的矫直加工数据,从图中可以看出,推理机能很好地拟合知识库中的数据。图 3-11 所示为经过 5 次矫直加工试验后数控矫直专家系统的矫直行程预测曲线,从图中可以看出,该矫直行程预测曲线已经偏离了原有的基于弹塑性理论的数据。随着矫直加工次数的增加,数控矫直专家系统矫直行程预测曲线逐渐向试验数据靠近,矫直行程预测精度不断提高,这种现象体现了数控矫直专家系统的学习过程。当知识库中数据增加到一定数量时,可以从知识库中删除弹塑性理论数据,知识库中数据全部为试验数据,矫直行程预测精度将会进一步提高。

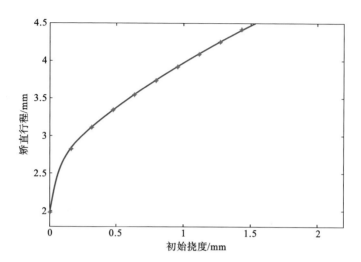

图 3-10　初始状态下数控矫直专家系统矫直行程预测曲线

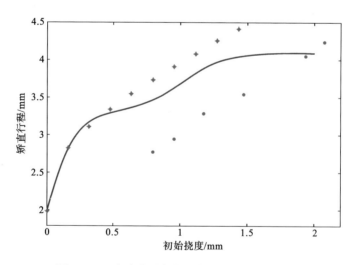

图 3-11　5 次试验后专家系统矫直行程预测曲线

　　图 3-12 至图 3-15 分别为 20 次、30 次、40 次、50 次试验后数控矫直专家系统矫直行程预测曲线。

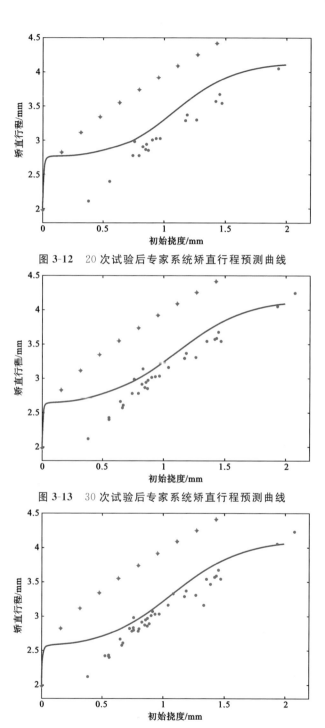

图 3-12　20 次试验后专家系统矫直行程预测曲线

图 3-13　30 次试验后专家系统矫直行程预测曲线

图 3-14　40 次试验后专家系统矫直行程预测曲线

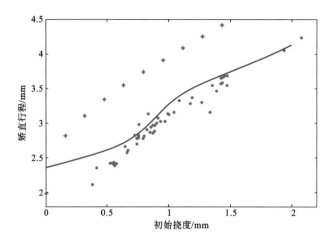

图 3-15　50 次试验后专家系统矫直行程预测曲线

3.4　矫直加工工件支承跨距自适应调整方法

具有一定长度的工件,其挠度情况是不同的。应用面向回弹控制的矫直加工原理对工件进行矫直加工时,工件加工时进给方式与常规矫直加工有较大的区别,由于工件挠度的不确定性和不可预知性,只能采取预定进给量的方式对工件进行分段加工;同时,工件是一个整体,仅仅保证分段的加工精度,并不能保证整个工件的实际精度能够满足设计要求,必须考虑相邻加工区域之间的联系。因此,笔者在这里提出矫直加工工件支承跨距自适应调整方法。

3.4.1　曲线重合弦的计算方法

如图 3-16 所示,设某一曲线的曲率函数为 $y=F(x)$,一动点 P 从坐标系 Oxy 中的原点 $O(x_0,y_0)$ 出发,沿着曲线 $F(x)$ 运动,当弦长 PO 等于预定弦长 L_0 时,P_1 点的坐标为 (x_1,y_1),则

$$L_0 = \sqrt{(y_1-y_0)^2+(x_1-x_0)^2} = \sqrt{y_1^2+x_1^2}$$

过弦 P_1O 的直线为

$$y = G_0(x) = \frac{y_1}{x_1}(x-x_0)+y_0$$

由图 3-16 可知,在某一时刻,动点从 P_i 点运动到 P_{i+1} 点,弦 $P_{i+1}P_i$ 的长度为

$$C_i = \sqrt{(y_{i+1}-y_i)^2+(x_{i+1}-x_i)^2}$$

则过弦 $P_{i+1}P_i$ 的直线为

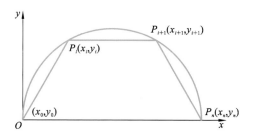

图 3-16   非重合弦

$$y = G_i(x) = \frac{y_{i+1} - y_i}{x_{i+1} - x_i}(x - x_i) + y_i$$

当动点 P 运动到曲线的末端时,其坐标为(x_n, y_n),弦 OP_n 的长度为L_{n-1},且有

$$L_{n-1} = \sqrt{(y_n - y_{n-1})^2 + (x_n - x_{n-1})^2}$$

同样地,过弦$P_n P_{n-1}$的直线为

$$y = G_{n-1}(x) = \frac{y_n - y_{n-1}}{x_n - x_{n-1}}(x - x_{n-1}) + y_{n-1}$$

将这种由动点 P 移动所形成的起止点均在曲线上,且首尾相连的各弦称为非重合弦。对于具有非重合弦的曲线,欲取得各弦与曲线交点P_i在 y 方向上的最大值 $y_{\max}$,其求解过程的数学描述可表示为

$$\max_{0 \leqslant i \leqslant n} \quad y_i$$

$$\text{s. t.} \quad x_0 = y_0 = y_n = 0, \quad C_0 = C_1 = \cdots = C_{n-1}$$

$$y = F(x)$$

$$L_i = \sqrt{(y_{i+1} - y_i)^2 + (x_{i+1} - x_i)^2}$$

$$G_i(x) = \frac{y_{i+1} - y_i}{x_{i+1} - x_i}(x - x_i) + y \tag{3-4}$$

$$i = 0, 1, 2, \cdots, n-1$$

若动点 P 移动所形成弦的起始点并非曲线上的点,而是前一次移动过程中构成的弦上的点,则所形成的各弦称为重合弦。其具体定义如下。

如图 3-17 所示,设一曲线的曲率函数为$y = F(x)$,设曲线上一动点 P 从坐标系 Oxy 中的原点 $O(x_0, y_0)$ 出发,沿着曲线 $F(x)$ 运动,当弦长 PO 等于预定弦长L_0时,P_1点的坐标为(x_1, y_1),则

$$L_0 = \sqrt{(y_1 - y_0)^2 + (x_1 - x_0)^2} = \sqrt{y_1^2 + x_1^2}$$

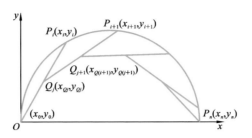

图 3-17　重合弦在曲线的分布示意图

过弦 P_1O 的直线为

$$y = L_0(x) = \frac{y_1 - y_0}{x_1 - x_0}(x - x_0) + y_0$$

点 P 继续运动,当弦 P_1O 上一距离点 P_1 为 D_1 的点 Q_1 与动点 P 的距离 P_2Q_1 为 $L_1(L_1 = L_0)$ 时,可得弦长 L_1 为

$$L_1 = \sqrt{(y_2 - y_{Q1})^2 + (x_2 - x_{Q1})^2}$$

间距 D_1 为

$$D_1 = \sqrt{(y_1 - y_{Q1})^2 + (x_1 - x_{Q1})^2}$$

过弦 P_2Q_1 的直线的表达式为

$$y = L_1(x) = \frac{y_2 - y_{Q1}}{x_2 - x_{Q1}}(x - x_{Q1}) + y_{Q1}$$

由此可知,在某一时刻,动点 P 从 P_i 点运动到 P_{i+1} 点,弦 $P_{i+1}P_i$ 长度为 L_i,弦上间距为 D_i,且 $L_i = L_0$,则弦长 L_i 可表示为

$$L_i = \sqrt{(y_{i+1} - y_{Qi})^2 + (x_{i+1} - x_{Qi})^2}$$

间距 D_i 可表示为

$$D_i = \sqrt{(y_i - y_{Qi})^2 + (x_i - x_{Qi})^2}$$

过弦 $P_{i+1}Q_i$ 的直线为

$$y = L_i(x) = \frac{y_{i+1} - y_{Qi}}{x_{i+1} - x_{Qi}}(x - x_{Qi}) + y_{Qi}$$

同样地,y_{max} 求解方法的数学描述为

$$\max_{0 \leqslant i \leqslant n} y_i$$

$$\text{s. t.} \quad x_0 = y_0 = y_n = 0, \quad L_0 = L_1 = \cdots = L_{n-1}$$

$$y = F(x)$$

$$\begin{cases} C_i = \sqrt{(y_{i+1} - y_i)^2 + (x_{i+1} - x_i)^2} \\ L_i(x) = \frac{y_{i+1} - y_i}{x_{i+1} - x_i}(x - x_i) + y_i \end{cases} \quad i = 0$$

$$\begin{cases} C_i = \sqrt{(y_{i+1}-y_{Qi})^2+(x_{i+1}-x_{Qi})^2} \\ L_i(x) = \dfrac{y_{i+1}-y_{Qi}}{x_{i+1}-x_{Qi}}(x-x_{Qi})+y_{Qi} \qquad i=1,2,3,\cdots,n-1 \quad (3\text{-}5) \\ D_i = \sqrt{(y_i-y_{Qi})^2+(x_i-x_{Qi})^2} \end{cases}$$

令曲线方程为 $x^2+y^2-2ax=0$，且 $x\geqslant0,y\geqslant0$，基本弦长 $L_i=b$，分别应用式 (3-4) 和式 (3-5) 求解 $y_{\max}$。

式 (3-4) 化简为

$$\max_{0\leqslant i\leqslant n} y_i$$

$$\text{s. t.} \quad x^2+y^2-2ax=0$$

$$b=\sqrt{(y_{i+1}-y_i)^2+(x_{i+1}-x_i)^2}$$

逐次迭代计算 y_i，可应用 MATLAB 语言编程求解出式 (3-4) 中的 $y_{\max}$。

为简便起见，可联立约束方程求解 $y_{\max}$，即

$$\begin{cases} (x-x_0)^2+(y-y_0)^2-2ax=0 \\ \sqrt{(y-y_0)^2+(x-x_0)^2}-b=0 \end{cases}$$

当 $x_0=y_0=0$ 时，

$$x=b^2/2a,\quad y=b\sqrt{4a-b^2}/2a$$

对于曲率方程 $(x-x_0)^2+(y-y_0)^2-2ax=0$，在 $x>0,y>0$ 范围内，y 有最大值 ($x=a$)，则当 $x=b^2/2a=a$，即 $b=a\sqrt{2}$ 时，可得到 $y_{\max}$。

同样地，将已知条件及 $D_i=b/2$ 代入式 (3-5) 可得

$$\max_{0\leqslant i\leqslant n} y_i$$

$$\text{s. t.} \quad x^2+y^2-2ax=0$$

$$\begin{cases} b=\sqrt{(y_{i+1}-y_i)^2+(x_{i+1}-x_i)^2} \\ L_i(x)=\dfrac{y_{i+1}-y_i}{x_{i+1}-x_i}(x-x_i)+y_i \end{cases} \qquad i=0$$

$$\begin{cases} b=\sqrt{(y_{i+1}-y_{Qi})^2+(x_{i+1}-x_{Qi})^2} \\ L_i(x)=\dfrac{y_{i+1}-y_{Qi}}{x_{i+1}-x_{Qi}}(x-x_{Qi})+y_{Qi} \qquad i=1,2,3,\cdots,n-1 \\ b/2=\sqrt{(y_i-y_{Qi})^2+(x_i-x_{Qi})^2} \end{cases}$$

逐次迭代计算 y_i，可应用 MATLAB 语言编程求解出 $y_{\max}$。

由于已知曲线的最大值 $y_{\max}$，令 $y'_{\max}=y_{\max}=a$。此时，$b=a\sqrt{2}$，$D=0$。

构建函数 $F=(x-a)^2+(y-a)^2-D^2$，联立曲线方程，可得

$$\begin{cases} F=(x-a)^2+(y-a)^2-D^2 \\ x^2+y^2-2ax=0 \end{cases}$$

将以上方程化简为以 D 为变量的函数 $y=F(D)$,即

$$y=a-\frac{D^2}{2a}$$

$F(D)$ 在 $D=0$ 时取得最大值 $F(0)_{\max}$,且 $F(D)$ 在 $0<D<a$ 范围内单调递减,故重合间距 D 增大将直接导致 $y_{\max}$ 的锐减。

因此重合弦的应用可显著减小动点 P 所构建的弦长端点的 y 坐标值。此重合弦计算方法可以为矫直加工的重合进给策略提供数学基础。

3.4.2 矫直加工的重合进给策略

对于具有单弧度弯曲的金属条材,无论工件的长度有多长,其最理想的三点反弯压力矫直方案就是采用两端支承方式,在工件挠度最大处下压矫直。但是,在实际的矫直加工过程中,工件支承跨距不可能随着工件长度的增加而无限增大,且任何用于矫直加工的设备都有自身的加工范围。因此,将工件分段后进行多步矫直加工是一个较为可行的方案。

依据曲线重合弦的计算方法,采用具有一定重合度的进给和加工方式可以显著降低工件的挠度。以一具有单弧度弯曲的工件为例,首先对其进行分段,确定合理的支承跨距,其关键点原则有两个:一是根据材料核算工件发生弹塑性变形的最小跨距;二是以矫直设备的加工范围设定其最大跨距。支承跨距将在最小跨距和最大跨距之间取值,并且尽量取整数。完成分段后,逐段测量并逐段矫直加工,如图 3-18 所示。工件各段矫直跨距分别为 l_1、l_2 和 l_3。

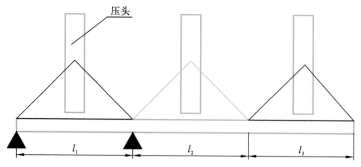

图 3-18 单弧度工件分段矫直方案

此方法可以保证工件各矫直加工段的直线度,但整体的精度可能不满足要求,工件越长、分段越多时,整体精度越不容易保证。

因此,综合考虑矫直加工效率和精度要求,可采用一种矫直加工区域具有一定重合度的进给方式,即每次在调整支承跨距的时候,工件并非进给一个跨距的距离,这样能使相邻的加工区域之间有一定程度的重合,从而减轻分段加工过程中的多边形效应。具体方案如图 3-19 所示。l 是预定矫直支承跨距,D 是相邻加工区域重合部分的长度,则每次进给距离为 $l-D$。矫直加工重合度定义为三点反弯压力矫直加工过程中,工件重复加工的区域部分的长度与矫直预定支承跨距的比值,可用数学形式描述为

$$e = \frac{D}{l} \tag{3-6}$$

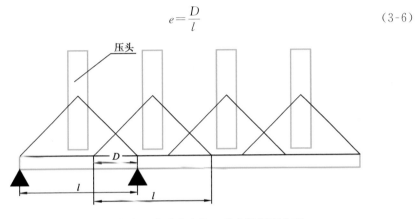

图 3-19 具有一定重合度的工件分段矫直方案

具有一定重合度的进给方式,不仅适用于单弧度弯曲的工件,而且对具有多弧度弯曲的工件也具有适应性,因此,可应用此种方式来进行矫直加工过程中的进给量的计算和跨距的调整。

3.4.3 工件重合进给和跨距调整过程的实现

对于具有单弧度弯曲和连续多弧度弯曲的工件,进行具有一定重合度的矫直加工时,除第一次进给外,后续加工的每次进给量均小于一次跨距。在实际应用过程中,可根据需要采用定重合度进给方式或者变重合度方式进给进行加工。采用变重合度进给方式时,夹头移动的距离是不同的,同时,采用定重合度进给方式,加工时也存在尾部剩余待加工工件长度不满足一个预定跨距的情况,因此必须进行重合度和跨距调整。进给和跨距调整数学模型是基于进给量、重合度 e 和夹持输送组件移动量而建立起来的。

以矫直压头的中心线为基准,假设工件的长度为 L,夹持输送组件的实际夹持部分——夹头的宽度为 B,工件有无检测传感器所检测到的工件端点距离

夹头中心线的距离为 p，初始状态下两夹头中心线之间的最大距离为 $L_{\max}$，最小距离为 $L_{\min}$，预定支承跨距为 s。用 L_F 表示已经完成进给和加工的工件的长度。图 3-20 所示分别为是初次进给方式、有加工重合度进给方式和有尾部剩余加工长度的进给方式。

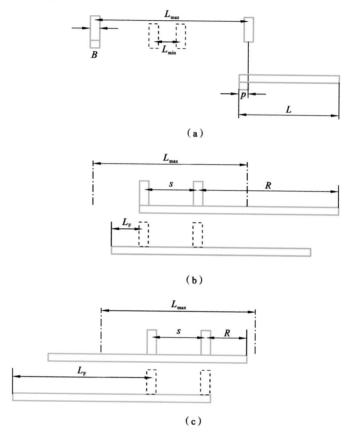

图 3-20　进给方式示意图

以 f_i 表示第 i 次进给时的进给量，根据矫直加工流程，结合设备的基本结构，可确定矫直加工过程的进给量数学模型。

（1）当重合度 e 为定值时

$$f_i = \begin{cases} (L_{\max}-L_{\min})/2 & i=0 \\ -(s+B/2-p) & i=1 \\ |f_{i-1}/2| & i=2 \\ (-1)^i s(1-e)/2 & i>2 \end{cases} \tag{3-7}$$

式中 $e=(s-L_F)/s(i>2)$。

进给次数

$$n=\frac{2(L-s-B)}{s(1-e)+1} \quad (n \text{ 取整数})$$

当 $2(L-s)/[s(1-e)]$ 为非整数时,必须对工件尾部进行处理。此时,未加工的工件长度用 L_R 表示,有

$$L_R=L-\frac{s(n-1)(1-e)}{2}-s-B$$

则第 $n+1$ 次加工的重合度为

$$e_n=\frac{s-L_R}{s}$$

(2) 当重合度 e 为变值时,每次加工的进给量各不相同,已加工工件长度即已进给量 L_F 为变化量,而首次形成双夹持状态的进给量依旧不变。则有

$$f_i=\begin{cases} (L_{max}-L_{min})/2 & i=0 \\ -(s+B/2-p) & i=1 \\ |f_{i-1}/2| & i=2 \\ (-1)^i s(1-e_{i-2})/2 & i>2 \end{cases} \quad (3-8)$$

式中 $e_{i-2}=(s-2f_i)/s(i>2)$。

加工次数为

$$n=\frac{2(L-s-B)}{\sum_{i=3}^{n-1} s(1-e_{i-2})+1} \quad (n \text{ 取整数})$$

由于加工重合度为变值,故无须考虑工件尾部剩余部分的长度。

在实际加工过程中,设工件的长度 $L=2000$ mm,夹头实际夹持部分宽度 $B=30$ mm,支承跨距的最大值为 $L_{max}=700$ mm,最小值为 $L_{min}=100$ mm。工件端点距离夹头中心线的距离 $p=50$ mm,预定跨距 $s=200$ mm。

采用定重合度 $e=0.4$。工件从右端输入,各参数计算结果如表 3-4 所示。

表 3-4 定重合度进给时各参数计算结果

进给次数	进给量 f_i/mm	夹持状态		已进给量 L_F/mm
1	300	右+	左-	0
2	-165	右-	左-	0
3	82.5	右+	左+	200
4	-60	右-	左+	200

续表

进给次数	进给量 f_i/mm	夹持状态	已进给量 L_F/mm
5	60	右＋ 左－	320
⋮	⋮	⋮ ⋮	⋮
29	−45	右－ 左＋	1910
30	45	右＋ 左－	2000

注:夹持状态"右＋"表示右夹头夹紧,"右－"表示右夹头松开。

对于某未知挠度状态的工件的矫直加工,采用变重合度进给方式。工件由于放置或者搬运等方面的原因,中间的弯曲程度比两端要大,因此,选择变重合度函数 $e=f(L_F)$ 为二次函数,工件正中的重合度最大,两端的重合度递减。取

$$e=f(L_F)=\frac{e_{\max}-e_{\min}}{a^2(L_F-a)^2}$$

当工件从右端输入时,取 $e_{\max}=0.5$,$a=L/2$,各参数计算结果如表 3-5 所示。

同时,在进给量和跨距调整的过程中,也可以采用变跨距的方式来进给工件,以适应不同工件的需求。

表 3-5 变重合度进给时各参数计算结果

进给次数	进给量 f_i/mm	重合度 e_i	夹持状态	已进给量 L_F/mm
1	300	0	右＋ 左－	0
2	−165	0	右－ 左－	0
3	82.5	0	右＋ 左＋	200
4	−68	0.32	右－ 左＋	200
5	68	0.32	右＋ 左－	336
6	−55.6	0.44	右－ 左＋	336
⋮	⋮	⋮	⋮ ⋮	⋮

因此,依据进给重合度 $e_{\max}$、初始预定跨距 s 和工件长度 L,可以得出每次的进给量 f_i。在实际生产应用中,可根据工件弯曲程度来调整进给重合度,在连续弯曲程度较大区域增加进给重合度以提高加工质量,在连续弯曲程度较小的区域减小进给重合度以提高加工效率,从而实现矫直加工工件支承跨距的自适

应调整。

3.4　本章小结

本章主要阐述了数控矫直工艺设计相关内容，在考虑加工对象特点的基础上，对数控矫直加工过程的工艺要求进行分析，并设计了相应的矫直工艺策略；从数控矫直行程预测函数入手，介绍了数控矫直专家系统的知识库和推理规则，并应用实例进行了说明；最后介绍了数控矫直加工工件支承跨距自适应调整方法并进行了相关计算。

第4章
数控矫直智能装备的感知装置设计

随着网络技术、自动化技术以及智能推理技术的发展和制造业转型升级的深入,智能化已经成为制造业和制造技术发展的必然趋势。智能化制造融合了制造技术、信息技术、传感器技术(比如光感应、热感应、力感应及磁感应等技术)、控制技术以及计算机技术等,使得加工设备具有数据分析、智能决策和调节控制等功能。

当前,世界领先的机床制造厂商都在大力研发智能机床产品,智能化已经成为高端数控装备的标志。制造装备智能化要解决的主要问题是[173]:

(1) 提高加工效率,优化切削参数,抑制振动,充分发挥机床的潜力。

(2) 提高加工精度,防止热变形、测量机床的空间精度并加以自动补偿。

(3) 保证机床运行安全,防止刀具、工件和部件相互碰撞和干涉。

(4) 改善人机界面,扩大数控系统的功能,实现其他各类辅助加工和管理功能。

为解决以上问题,使制造装备具有感知功能,笔者对智能装备的感知装置进行了研究。面向智能装备的感知装置是具有信息处理功能的传感器,集感知、信息处理与通信功能于一体,能提供以数字形式传播并具有一定知识级别的信息,同时还具有自诊断、自校正、自补偿等功能[174]。

4.1 数控矫直智能装备的感知装置需求分析

4.1.1 数控矫直智能装备感知装置的分类

面向数控矫直智能装备的感知装置设计以智能传感器技术为基础,涉及微机械与微电子技术、计算机技术、信号处理技术、电路与系统、传感技术、神经网络技术及模糊控制理论等多个学科。数控矫直智能装备要求感知装置具备以下功能。

1）智能位置感知

位置感知传感器在数控装备中应用最为广泛，这种类型的传感器能够精准地感知数控装备中各运动部件的位置信息，进而使数控装备的加工精度与加工效率获得极大提升。

2）智能加载力监测

力感知传感器是数控装备中普遍采用的一类传感器。在数控矫直过程中，数控矫直设备通过力传感器感知工件的夹紧力、矫直载荷大小等关键数据。同时，在润滑、液压、气动等辅助系统中也安装有压力传感器，用于对这些系统进行监控，并保证数控矫直设备的正常运转。

3）智能振动感知与抑制

通过增加智能振动感知装置，可实时监测矫直设备的振动状态，根据所采集振动数据，分析影响机床的关键因素。采用加速度计调整机床的时间常数与机械特性（机械固有振动频率），可以将数控矫直过程中由主轴加减速引起的机械振动消除，使得矫直设备振动得到抑制。

4）智能温度感知与热屏障

温度感知传感器与矫直设备床身紧密结合，实时记录矫直设备在工作过程中的温度分布状态。同时，以矫直设备床身温度为基准温度，主动进行温度控制，对热变形进行补偿，控制主轴冷却装置，能够使加工精度长时间保持稳定。

5）智能变形状态监测

数控矫直设备是压力矫直设备，使工件发生弹塑性变形需要足够的矫直载荷。此时设备的变形状态将直接影响到数控矫直设备的矫直精度，通过在核心矫压机构上增加变形感知触感器，可对机构微小变形量进行检测，反馈给控制系统进行实时补偿。

6）智能安全保护

数控矫直加工变形力大，安全性要求高。特别是在手动操作时，对误操作引起的故障要有规避和警示，必须配置足够的限位和行程感知传感器获取机床装备的运行状态。同时，在手动操作时，以预置的操作规程为准则，每操作一步都要判断相邻操作的可行性和安全性，或者增加智能化一键式手动进给、手动矫压的设置，以避免复杂操作造成的危险。

4.1.2 数控矫直智能装备感知装置的性能指标及要求

面向数控矫直智能装备的感知装置包括位置感知、力感知、温度感知、振动感知、设备变形量感知和工件直线度感知传感器，可分别感知数控矫直智能装备的运动轴的位置变化、矫直载荷实际反馈、气动系统的压力平衡状态、机床主轴及电动机运行温度波动、机床运行振动、机床结构变形等。通过对这些物理量的感知和检测,获取机床本体和加工工件的状态,能保证机床在良好的状态下工作,同时可通过补偿来提高加工质量。

4.1.2.1　位置感知装置性能指标及要求

对数控矫直设备进给伺服系统的具体要求如下:

(1) 对温度、湿度环境不敏感,性能可靠,能够长期保持精度,抗干扰能力强;

(2) 在机床装备运动部件的移动范围内和在受到较大负载情况下,仍能满足精度和速度要求;

(3) 有一定的结构刚度,能够适应数控矫直加工的需要;

(4) 成本低,易于安装和维护。

通常,位置感知装置的检测精度为 $\pm 0.005 \sim 0.01$ mm/m,分辨率为 $0.001 \sim 0.005$ mm/m,能适应机床工作台 $0 \sim 30$ m/min 的进给速度[175]。不同规格的数控矫直设备对位置感知装置的精度和适应的速度要求是不同的,通常以满足加工精度要求为主,同时考虑满足速度要求。一般选择测量系统的分辨率比加工精度高一个数量级。

4.1.2.2　力感知装置性能指标及要求

由于数控矫直加工的特点,数控矫直设备对力感知装置的性能和安装方式要求很高,必须对矫压组件和夹持输送组件的力学状态进行实时感知,确保进给伺服系统能够实现对矫直过程的精确控制。具体要求如下:

(1) 针对夹持输送组件的夹持力进行有效感知,确保夹持的可靠性和精确性;

(2) 为确保矫压组件安全可靠工作,矫直反作用力将通过力感知装置实时反馈给矫直控制系统;

(3) 能够在数控矫直加工范围内,满足力感知响应速度与精度要求;

(4) 安装、维护方便,不影响数控矫直自动化加工。

一般要求数控矫直智能装备的力感知装置的感知范围为 $0.5 \sim 100$ kN,感知精度为 $\pm 0.05 \sim 0.1$ N,分辨率为 $0.01 \sim 0.05$ N。

4.1.2.3　温度感知装置性能指标及要求

数控矫直设备的热量来源主要是伺服系统和传动系统。矫直伺服系统功率大,和传动系统传动比大,二者的发热远高于其他部件,除了在装备结构设计上尽量考虑设备的被动散热,达到热平衡状态外,还需要对热源和装备温度进

行实时感知,以便进行温度补偿,确保矫直加工精度。具体要求如下:

(1) 在不破坏数控矫直设备的结构的前提下,实现温度感知的快速性和精确性;

(2) 能够在数控矫直设备正常运行过程中,满足温度感知响应速度与精度要求;

(3) 安装维护方便,不影响数控矫直自动化加工。

一般要求数控矫直智能装备的温度感知装置的感知范围为 $10 \sim 200$ ℃,感知精度为 $\pm(0.1 \sim 0.5)$ ℃,分辨率为 $0.01 \sim 0.05$ ℃。

4.1.2.4　振动感知装置性能指标及要求

在数控矫直自动化加工过程中,工件的夹持输送和矫直加载均会对数控矫直设备产生振动激励,为确保进给矫直加载伺服系统稳定工作,消除振动影响,对振动感知装置有如下要求:

(1) 针对工件在夹持输送过程中的振动进行有效感知,确保输送的可靠性和精确性;

(2) 为感知矫压组件的工作稳定性,振动感知装置必须安装在矫压核心构件上,实时感知矫压组件的振动状态;

(3) 能够在数控矫直加工范围内,满足振动感知响应频率与采样率要求;

(4) 安装维护方便,不影响数控矫直自动化加工;

(5) 便于机床各关键位置设置检测点,感知机床振动信息。

一般要求数控矫直智能装备的振动感知装置的感知范围为 $\pm 100g$,动态范围为大于 100 dB,采样率为 $2 \sim 50$ kHz,频率响应为 $1 \sim 2000$ Hz。

4.1.2.5　变形感知装置性能指标及要求

数控矫直设备在矫压加载过程中,必须实时感知机床的变形状态,通过在核心矫压机构上增加变形感知传感器,对机构微小变形量进行检测,反馈给控制系统进行实时补偿。对变形感知装置的具体要求如下:

(1) 针对矫直加载组件核心机构的变形进行有效感知,确保夹持的可靠性和精确性;

(2) 为确保矫压组件能安全可靠地工作,应能将矫直反作用力通过力感知装置实时反馈给矫直控制系统;

(3) 能够在数控矫直加工范围内,满足力感知响应速度与精度要求;

(4) 安装维护方便,不影响数控矫直自动化加工。

数控矫直智能装备变形感知装置的感知范围为 $0 \sim 1000$ μm/m。

4.1.2.6 工件直线度感知装置性能指标及要求

工件直线度感知装置是数控矫直智能装备感知装置中的关键部件,直接决定了数控矫直设备的加工精度。在数控矫直设备自动化加工过程中,在矫压加载的前后都必须进行工件直线度的感知。此时,感知装置的性能和安装结构必须进行调整和定制。具体要求如下:

(1)采用接触式或者非接触式装夹方式,确保工件直线度感知的可靠性和精确性;

(2)满足数控矫直工艺要求,非连续性感知直线度,在矫直加载过程中实现自动避让;

(3)在数控矫直加工范围内,满足直线度感知范围和响应速度要求;

(4)安装维护方便,不影响数控矫直自动化加工。

一般要求数控矫直智能装备的直线度感知装置的感知范围为 0.001～3 mm,直线度感知精度为±0.001～0.005 mm,分辨率为 0.0005～0.001 mm。

4.2 数控矫直智能装备的位置感知装置设计

4.2.1 位置感知的需求分析

位移检测装置能够测量出的最小位移量称为分辨率检测系统的分辨率,其大小取决于检测装置本身,同时也取决于测量线路。研制和选用性能优越的检测装置是很重要的。

目前,在数控矫直智能装备上经常使用的位置检测装置如表 4-1 所示。

表 4-1 位置检测装置分类

类型	数字式		模拟式	
	增量式	绝对式	增量式	绝对式
回转型	圆光栅	编码盘	旋转变压器、圆感应同步器、圆形磁栅	多级旋转变压器
直线型	长光栅激光干涉仪	编码尺	直线感应同步器磁栅	绝对值式磁尺

4.2.2 位置感知装置的选型方法

数控矫直智能装备常用的位置感知装置有以下几种。

1) 光栅位移传感器

光栅位移传感器是根据物理上莫尔条纹的形成原理进行工作的：一对光栅副中的主光栅（即标尺光栅）和副光栅（即指示光栅）发生相对位移时，在光的干涉和衍射共同作用下产生黑白相间（或明暗相间）的规则条纹图形，称之为莫尔条纹。经过光电器件转换，黑白（或明暗）相间的条纹转换成按正弦规律变化的电信号，该电信号经过放大器放大、整形电路整形后，成为两路相差 90° 的正弦波或方波，由光栅数显表转换为位移量显示出来。光栅位移传感器的特点是：测量中输出的信号为数字脉冲信号，测量精确，反应迅速，适用于测量距离间歇变化及变化量较小的场合。

光栅位移传感器可以分为绝对式和增量式，其读取的数据有差别。绝对式光栅位移传感器读取的是光栅的绝对位置坐标，要得到位移量需要将进给前后的数据相减；而增量式光栅位移传感器每次读取的数据都是本次进给量，可以直接使用。

2) 电感式位移传感器

电感式位移传感器利用电磁感应把被测的物理量转换成线圈的自感系数和互感系数的变化，再由电路转换为电压或电流等模拟量输出，并从其变化中得到相关数据，从而实现位移量到电量的转换。其特点是结构简单，灵敏度高，测量精度高，但量程一般较小，不适合测量变化范围较大的位移。

3) 电容式位移传感器

电容式位移传感器是以电容器为测量元件，将机械位移量转换为电容量的变化来实现位移测量的。电容式位移传感器由于采用固定的电容器作为主要测量元件，其测量的范围受到相当大的限制，并且其使用寿命也因电容器的使用而较短。

4) 光电式位移传感器

光电式位移传感器根据被测对象阻挡光通量的多少来测量对象的位移或几何尺寸。其特点是：可进行非接触式连续测量，但是由于主要通过测量光通量来确定位移量，其对光的要求相对较高。而本书研究的精密矫直技术对光没有具体的要求，若采用此传感器将加重技术难度。

5) 超声波位移传感器

超声波位移传感器是通过测量超声波在发射后遇到障碍物反射回来的时间，根据时间差来计算出发射点到障碍物的实际距离，从而实现位移测量的。其特点是能测量较大的位移量，但是其测量精度受声音影响较大，虽然矫直加工近乎为无声矫直,但是还是会有机械杂音出现,因此不适宜采用超声波传感器。

在数控矫直加工过程中,有两个进给距离需要精确感知。一是矫直行程;二是矫直反弯支承点移动距离。两个位置传感器都沿着确定的直线方向前进。矫直行程的位置感知起点是压头的原始位置,矫直过程中压头的进给范围小,但对进给量精度要求较高。综合考虑上述几种位移传感器的优缺点后,确定:矫直行程的位置感知传感器选取光栅位移传感器;矫直反弯支承点的移动距离较大,往复运动速度比较复杂,对加减速特性要求高,精度要求达到微米级,因此,反弯支点位置感知-矫直跨距形成方式的传感器也选取光栅位移传感器。

4.2.3 位置感知装置的接口方式及数据采集

不同厂家、不同型号的位移传感器,连接方式也各不相同。本书在这里以数控机床专用绝对式光栅尺系列的单向性光栅尺为例,介绍光栅位移传感器的接口电路与驱动设计。

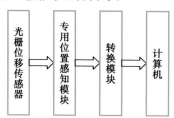

图 4-1 光栅位移传感器系统
结构框图

在模拟输出+串行输出的情况下,选用屏蔽电缆,其规格为 $\phi 7.1$,并采用 PUR(聚氨酯)外护套。电缆内部信号线(SSI,BISS)经过双绞处理,且线缆弯曲曲率半径不得小于 80 mm。

光栅位移传感器系统结构框图如图 4-1 所示。光栅尺与专用位置感知模块相连,专用位置感知模块一般无法直接与计算机通信,一般在二者之间插入转换模块。

光栅位移传感器配套设备与计算机连接,经计算机读取到的数据已经过处理,直接可用。

4.3 数控矫直智能装备的力感知装置设计

4.3.1 力感知的需求分析

数控矫直智能装备在进行加工时,夹持组件以及矫压组件的受力情况都是随着矫直时工件的变形而不断变化的。为保证伺服系统对矫直过程的精确控制,需要对矫压组件和夹持组件的力学状态进行实时感知。

4.3.2　力感知装置的选型

常用的实现力感知的传感器有应变式和压电式两种。应变式力传感器是基于物体受力变形所产生应变而实现力感知的一种传感器。电阻应变片是常用的传感元件之一，具有精度高、线性好、稳定性高、测量范围大，以及测量数据便于记录、处理和远距离传输等优点。其缺点主要是受温度影响比较大。压电式力传感器是将被测物理量变化转换成静电荷或电压变化的传感器，具有频带宽、灵敏度大、信噪比高、重量轻、体积小、结构简单、工作可靠等优点。其缺点主要是不能用于静态测量。某些压电材料需要采用防潮措施，而且输出的直流响应差，需要采用高输入阻抗电路或电荷放大器来克服这一缺陷。考虑到矫直设备工作时矫压组件和夹持组件的温度变化小，对应变式传感器影响小，故采用应变式力传感器。

将电阻应变片贴在被测物体上，被测物体由于受力的作用发生变形，电阻应变片随被测物体一起发生变形，此时，其内部的金属箔材将伸长或者缩短，其电阻也会随之发生变化。应变片就是根据上述原理，通过测量电阻的变化量来实现对应变状态的测量的。敏感栅是应变片的核心部分，一般的应变片敏感栅使用的材料是铜铬合金，其电阻变化率为常数，与应变成正比例关系。

应变测量是信号采集和转换的开端，而信号采集和传输需要由传感器的采集装置来完成。传感器节点的作用是采集数据和存储数据，汇聚节点的作用则是实现节点控制、数据监测和数据下载。在数控矫直加工过程中，工件因为压点不同，在数控矫直设备中没有固定的位置，随时都会发生移动。如果使用普通的有线传感器节点，特别是在测点比较多、导线也比较多时，传感器的装夹和布线对工件应变的测量会造成不便。而采用无线网络进行数据传输能够适应数控矫直智能装备的需求。目前，无线应变传感器网络（wireless sensor network，WSN）是一种由大量部署在监测区域的微型传感器节点组成的数据采集、汇聚处理节点网络，是通过无线通信的方式组成的一个多跳自组织网络，由汇聚节点、管理节点和无线网络组成。使用无线应变传感器网络，不仅可以实现对矫直加工过程中导轨应变进行实时测量，而且装夹和拆卸都很方便，也不用担心传感器导线对加工过程产生影响。

4.3.3　力感知装置的接口方式及数据采集

在基于电阻应变片的力感知装置中常用惠斯通电桥。惠斯通电桥能够用于应变片电阻的微小变化测量。如图 4-2 所示，通用的惠斯通电桥中有 R_1、R_2、

R_3、R_4 四个电阻,称之为电桥的四个臂,G 为检流计,用以检查它所在的支路有无电流。当检流计 G 中无电流通过时,称电桥达到平衡。平衡时,四个臂的阻值满足一个简单的关系,利用这一关系就可测量电阻。如果 $R_1 = R_2 = R_3 = R_4$ 或者 $R_1/R_2 = R_4/R_3$,则无论输入多大电压,输出电压总为 0,此时电桥恰好处于平衡状态。如果平衡被破坏,就会产生与电阻变化相对应的输出电压。

在实际测量中,根据测量需求,应变片的布置也有各种形式,从而构成不同的惠斯通电桥:如四分之一桥(单应变片法)、半桥(双应变片法)和全桥(四应变片法),分别如图 4-3、图 4-4 和图 4-5 所示。

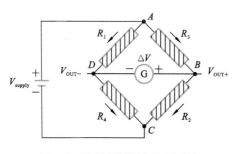

图 4-2　通用惠斯通电桥(全桥)

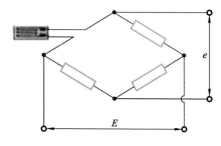

图 4-3　四分之一桥

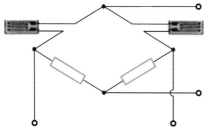

图 4-4　半桥

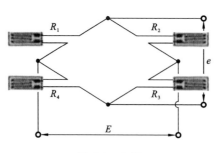

图 4-5　全桥

在确定了测量方法后,根据无线应变节点使用要求,将电阻应变片粘贴在待测工件表面,同时将接线引脚也粘贴在工件表面,将应变片和导线一起焊在接线脚上,导线根据已经确定的方法与无线应变节点相连接。

1) 四分之一桥

四分之一桥分为两种:两线制四分之一桥和三线制四分之一桥。

(1) 两线制四分之一桥因为引入了线电阻,所以量程会受到影响,仅适用于线长不超过 2 m 的情况。两线制四分之一桥电路的接法如图 4-6 所示。

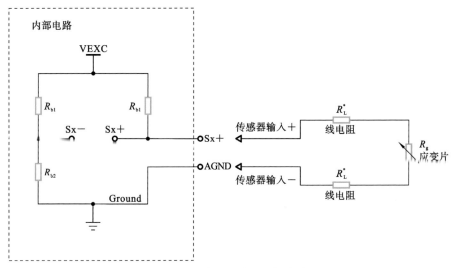

图 4-6　两线制四分之一桥电路

采用四分之一桥测应变时,输出电压的计算公式为

$$e = \frac{\Delta R}{4R} E$$

式中:R 为应变片的原电阻;ΔR 为应变片中金属箔材伸长或者缩短引起的电阻变化。

上式也可以写成

$$e = \frac{1}{4} K \varepsilon E \qquad (4\text{-}1)$$

式中:K 为比例系数(应变片常数);ε 为应变。

式(4-1)中除了应变 ε 以外均为已知量,所以测出电桥的输出电压就可以计算出应变的大小。

三线制四分之一桥采用了线电阻补偿方式,使模块的测量量程不受影响,实际使用中测量效果最好。三线制四分之一桥电路的接法如图 4-7 所示。

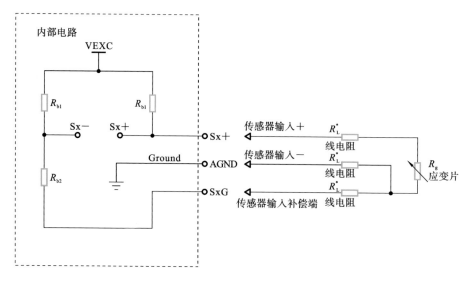

图 4-7　三线制四分之一桥电路

2）半桥

采用半桥时应变片的贴法较多，可根据测量需求的不同来进行选择。半桥电路的接法如图 4-8 所示。

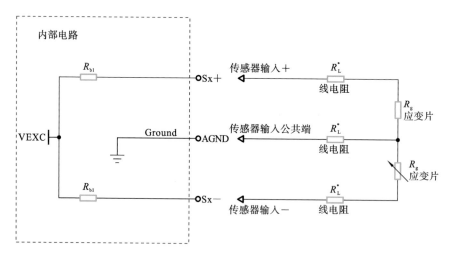

图 4-8　半桥电路

在测量中,半桥的四条边中有两条边的电阻会发生变化,根据四应变片法可以得出电压公式。根据接入方式不同,两应变片上产生的应变有所不同。如果两应变片在电桥相邻两边,则有

$$e = \frac{1}{4}\left(\frac{\Delta R_1}{R_1} - \frac{\Delta R_2}{R_2}\right)E$$

或

$$e = \frac{1}{4}K(\varepsilon_1 - \varepsilon_2)E$$

如果两应变片在电桥对边,则有

$$e = \frac{1}{4}\left(\frac{\Delta R_1}{R_1} + \frac{\Delta R_3}{R_3}\right)E$$

或

$$e = \frac{1}{4}K(\varepsilon_1 + \varepsilon_3)E$$

4）全桥

采用全桥时需要粘贴的应变片数量最多,由传感器为桥路供电。全桥电路的接法如图 4-9 所示。

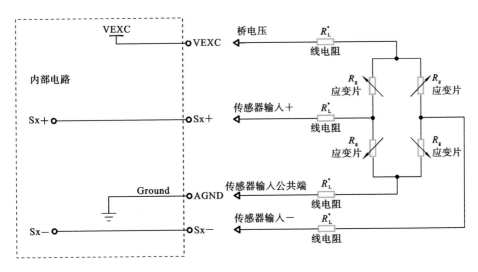

图 4-9　全桥电路

当四条边上的应变片的电阻分别产生 ΔR_1、ΔR_2、ΔR_3、ΔR_4 的变化时,有

$$e = \frac{1}{4}\left(\frac{\Delta R_1}{R_1} - \frac{\Delta R_2}{R_2} + \frac{\Delta R_3}{R_3} - \frac{\Delta R_4}{R_4}\right)E \tag{4-2}$$

若四个应变片完全相同,比例常数为 K,且其应变分别为 ε_1、ε_2、ε_3、ε_4,则式 (4-2) 可以写成下面的形式:

$$e = \frac{1}{4} K (\varepsilon_1 - \varepsilon_2 + \varepsilon_3 - \varepsilon_4) E$$

4.4 数控矫直智能装备的温度感知装置设计

4.4.1 温度感知的需求分析

数控矫直智能装备不同于传统的以切削为主要加工方式的设备,被加工件受到夹持组件的夹紧力和压头的压力而产生变形,且变形的幅度一般不大,故被加工件本身不会因压力矫直加工工艺而产生较大的热量。数控矫直智能装备在工作过程中主要的热量来自于伺服系统和传动设备。伺服系统温度过高会对系统的稳定性产生不良影响,而传动系统温度过高会对传动零部件产生不良影响,从而影响传动精度。这两种情况最终都会影响数控矫直智能装备的加工精度,影响产品质量[176]。

为了减少温度对数控矫直智能装备加工工件的质量影响,需要对发热部位的温度进行检测,保证数控矫直智能装备在良好的状态下工作,进而保证工件的质量。

4.4.2 温度感知装置的选型

温度传感器按温度测量方式可以分为接触式和非接触式两大类。

接触式温度测量就是传感器直接与被测物体接触来测量温度,这是测温的基本形式。以这种方式测量温度,要通过接触把被测物体的热能量传送给温度传感器,这就降低了被测物体的温度。特别是当被测物体较小、热能量较少时,将不能正确地测得物体的真实温度。但是接触式温度传感器有如下优点:体积较小、结构简单、成本较低且使用方便,适合在狭小空间安装或者大批量安装来采集温度信息。因此,采用接触式测量方式时,测得物体真实温度的前提条件是,被测物体的热容量必须远远大于温度传感器的热容量。

非接触式温度测量即传感器原件与被测对象无直接接触的温度测量方式。非接触式温度传感器的主要优点是不受传感器原件材料耐温性质的限制,也不受被测物体温度的影响。对 1800 ℃ 以上的高温物体,主要使用非接触式温度传感器进行测量。对常温到 700 ℃ 的物体,使用非接触传感器的分辨率也很高。

考虑数控矫直智能装备实际使用的状况,温度感知装置选用 Pt-100 热电阻传感器,其结构如图 4-10 所示。Pt-100 是工业中常用的温度传感器,其可采集的温度范围为$-200 \sim +850 \ \mathrm{°C}$。

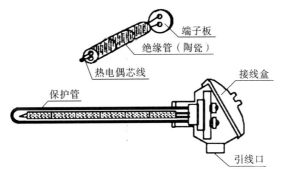

图 4-10　Pt-100 热电阻传感器结构示意

4.4.3　温度感知装置的接口方式及数据采集

电阻温度的测量电路常采用精度较高的电桥电路。为消除连接导线电阻随环境温度变化造成的测量误差,常采用三线或四线连接法。

三线连接法的原理如图 4-11 所示。R_0、R_1、R_2 为固定电阻,R_d 为零位调节电阻。热电阻R_T通过三根电阻分别为r_1、r_2、r_3的导线与电桥相连。电阻为r_1、r_2的导线接在相邻的两臂内,要想r_1、r_2不会随温度变化而影响电桥状态,二者的大小必须相同。E_s为外接电压源,为了去除噪声在线路中加入了电容。

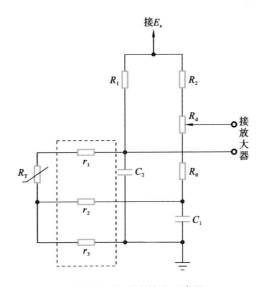

图 4-11　三线连接法示意图

三线连接法广泛应用在低温测量中,其主要的缺点是需要辅助电源。为了避免热电阻中的电流产生电热效应,一般要求通过热电阻的电流小于 10 mA。

为了保证在数据采集时数控矫直智能装备能够连续稳定地工作,温度感知装置应当具有自动检测的功能且在未发现温度异常时不影响设备的正常工作。

温度传感器将检测到的温度信号转化成微电信号,再通过各自的变送装置转换成数据采集卡能识别的模拟信号,数据采集卡将模拟信号(电流或者电压)转换成计算机可接收的数字量信号,输入计算机主机中进行处理,如图 4-12 所示。

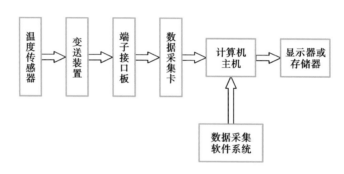

图 4-12　温度检测系统硬件框图

当温度改变时,温度传感器的电阻会发生变化,在电流大小不变的情况下,流过温度传感器的电压信号将发生改变。变送装置对传感器输出的电信号进行滤波整流之后输出电流信号,经转换电路转换,变成数据采集卡可以识别的电压信号,连接到端子接口板接线电路,输入数据采集卡。经过数据采集软件的处理,得到的就是传感器所检测的温度变量。

4.5　数控矫直智能装备的振动感知装置设计

4.5.1　振动感知的需求分析

数控矫直设备作为生产中的重要工艺设备,其任何部分出现故障,都可能对产品质量和生产效率产生重要影响,同时,对于工人的人身安全也是一种隐患。因此,需要对可能出现的故障信号进行监控。

振动是产生机床故障的最常见原因之一,据统计,约有 70% 的机械故障是由于机床振动以及机床振动所辐射出的振动噪声而产生的[177]。剧烈的振动经常会造成机械结构强度减弱,影响机床的正常运行,同时会造成机床内连接件的松动,从而影响生产工件的质量;机床振动所产生的噪声会对工人的身体造成伤害。因此,对机床振动信号的实时监测与感知是必不可少的[178]。

振动的测量包括两种:一是测量机床在工作时的振动,如振动位移、速度、加速度、频率和相位等,获得矫直设备的振动状态;二是对机床或某些结构施加激励,测量其受迫振动,求得被测对象的振动力学参量或动态性能,如固有频率、阻尼、刚度、频率响应和模态等。要求振动测量设备能实时测量机床工作时的振动特性,并及时反馈给控制系统,由控制系统根据振动信号判断机床的工作状态并实时调整。

4.5.2 振动感知装置的选型

机床运转时发生的振动一般表现为加速度、速度和位移,它们的特征值分别为幅值、频率、相位。数控矫直设备中的振动传感器通常是对加速度、速度以及位移进行监测。

加速度传感器是常用的振动传感器,通常由质量块、阻尼器、弹性元件、敏感元件和调试电路等组成。它通过对质量块所受惯性力进行测量,再利用牛顿第二定律获得加速度值。加速度传感器根据测量方式不同大致分为电容式、电感式、应变式、压电式等。其中比较常用的压电式加速度传感器又称为压电加速度计,属于惯性式传感器,其是利用压电陶瓷和石英晶体的压电效应来进行工作的。当壳体随着被测振动体一起振动时,质量块作用在压电晶体上,通过晶体上产生的电荷数得出振动体的加速度。另一种比较常用的类型是电容式加速度传感器,该类型的传感器是一种极距变化型电容传感器,能将加速度的数值变化通过电容两端的极距变化转化为电容量的数值变化,从而进行加速度的监测。

振动速度监测也是振动检测的一个重要内容,通常利用速度传感器对振动速度进行监测。常见的速度传感器为磁电传感器,其由线圈与磁铁构成。根据相对运动对象的不同,磁电传感器可分为动圈式磁电传感器和可动衔铁式磁电传感器。前者依靠线圈切割磁力线而产生感应电动势,通过测量感应电动势来监测速度;后者依靠衔铁的运动改变磁路中的磁阻,从而改变线圈的磁通,以此达到速度监测的目的。

进行振动位移监测的位移传感器以非接触式的为主,例如激光测振仪、光纤位移测振传感器、电涡流式传感器等。其中电涡流式传感器是最常用的测量振动位移的传感器,其原理为:使通有交变电流的线圈接近被测物体,线圈与被测物体之间的位移变化将促使电涡流的产生,由此产生一个新磁场,通过磁场强度的变化检测出物体的位移变化。

笔者采用加速度传感器对数控矫直设备进行振动检测,依据机床实际情况,采用压电式(integrated circuits piezoelectric,ICP)加速度传感器采集机床振动的缓变低频信号,采用 AD7655 模/数(A/D)转化器和 ATmega16 单片机进行数据采集,并通过串口通信完成振动的检测与分析。或者选择 NI(National Instruments,美国国家仪器公司)虚拟仪器测试系统进行振动信号的采集。

4.5.3 振动感知装置的接口方式及数据采集

ICP 加速度传感器将传统的压电式加速度传感器与电荷放大器集成在一起,因此,其信号输出口与 IC 放大器共用一条线,信号输入口与电源共用一条线。ICP 加速度传感器的供电电路与调理电路如图 4-13 所示。

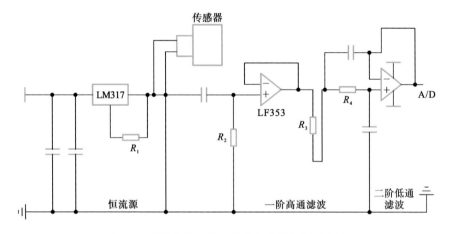

图 4-13　ICP 加速度传感器供电电路与调理电路

通过电源开关将 220 V 的交流电源转化为 24 V 直流电源,然后通过 LM317 集成稳压块为 ICP 传感器提供一个 4 mA 的恒流源。该恒流源分为两路,向上为传感器提供电源输入以及信号输入。ICP 加速度传感器采集的信号还要经过一阶高通滤波去直流信号。高频信号对低频测试有影响,所以系统中增加了低通滤波器,只让低频交流分量通过。

NI 虚拟仪器测试系统是采用 PXI(PCI extensions for instrumentation,面向仪器系统的 PCI 扩展)总线结构,可以作为信号源发出各种波形的信号,或者使用高灵敏度传感器采集声音、振动等信号,并在上位机中进行处理。具体的

功能可以选择不同的拓展模块来实现，此处只
介绍其振动信号采集功能。

图 4-14 所示为 NI 虚拟仪器测试系统振
动信号采集总体框图。

NI 虚拟仪器测试系统的性能指标主要是
分辨率与转换速率。A/D 转换芯片选择
AD7655 芯片，该芯片能够完成四通道信号采
集，支持串、并行输出方式，且单芯片能够完成
多路模数转换功能。将 AD7655 芯片通过串

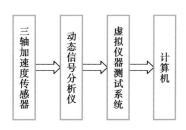

图 4-14　NI 虚拟仪器测试系统振动
信号采集总体框图

行外设接口(serial peripheral interface，SPI)总线与单片机相连，接口电路如图
4-15 所示。

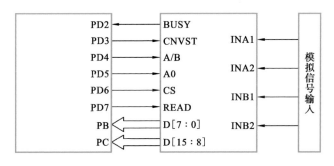

图 4-15　AD7655 芯片与单片机接口电路

系统对加速度传感器进行四通道信号采集，但芯片是以双通道交替 A/D
转换方式进行工作的，所以将芯片以两倍的采样频率接入单片机定时器，实现
AB 两通道交替采样。CNVST 接口信号下降沿触发 A/D 采集信号，此时定时
器的中断程序已经完成。由中断程序的子程序交替给出 A0 的高低电平，完成
交替采样，当 BUSY 接口为低电平时，则采样工作完成。

将采集到的数据传输到上位机中，利用上位机软件对信号的时域频域进行
分析，从而完成整个振动感知装置的信号采集与分析。

如果采用 NI 虚拟仪器测试系统，其采集到的信息同样需要导入上位机以
进行数据处理。通过 LabVIEW 搭建的虚拟仪器能实现对振动信号的采集、时
域分析和存储，由于需要得到待测物体的固有频率等频域信息，采用 MATLAB
对测量信息进行频域分析。测试系统采集的是加速度信号，受环境、噪声、电磁
场的影响，采集到的信号与真实信号有偏差。由于信号中含长周期趋势项，对

加速度进行两次积分得到的位移量可能完全失真,所以应该在进行傅里叶变换之前对采集的信号进行去趋势项处理,随后对加速度信号两次积分得到振幅,通过傅里叶变换后,可得到所求的频域信息。

4.6 数控矫直智能装备工件直线度测量装置设计

4.6.1 直线度测量的需求分析

直线度公差是指被测实际线对其理想直线评定基准的变动量。直线度公差是导轨质量的一个重要指标。数控矫直智能装备加工工件的目的是在保证工件其他几何公差的情况下,提高工件的直线精度。

笔者所研究的数控矫直智能装备主要用于加工长条形零件,而且根据矫直加工工艺,采用精度可控性好的三点反弯压力矫直加工方式。工件的直线度几何信息的采集,需要在工件长度方向上进行多点测量后,通过对工件挠度状态进行重构来实现[34]。

对长条形回转体零件,一般采用外轮廓回转测量方式来进行直线度测量。可用非接触式或者接触式位移传感器测量工件外轮廓,回转后进行拟合。而对于非回转体的零件,必须对工件进行逐段进给,逐段测量。对于某一段的工件,常在工件夹持支点与矫压加工点进行测量与数据采集[35]。

根据挠度信号采集的方法,为获得精确矫直工件,就必须测量点在轴向上的位置,实际测量中即是测量这个点相对于夹持工件的夹头上的夹持平面这一基准的位移。由此,可将矫直挠度的测量转换为位移测量。如果要选取传感器来测量该点的位置值,那么这个传感器的测量范围要在±1 mm 以内,精度要求在 0.001 mm 之上。

4.6.2 工件直线度测量装置的选型

考虑到数控矫直智能装备加工工件对测量形式、测量精度及安装铺设等的要求,工件直线度的测量选用直线位移传感器。图 4-16 所示为某直线位移传感器结构示意图。

直线位移传感器在测量点的位置方面具有明显的优势:其一,直线位移传感器灵敏度和分辨力高,是微米级的,高于工件直线度要求。其二,直线位移传感器的测量范围满足要求。一般的直线位移传感器的量程根据测量需求不同有所不同,常见的量程小到 1 mm,大至 50 mm,数控矫直智能装备的测量范围

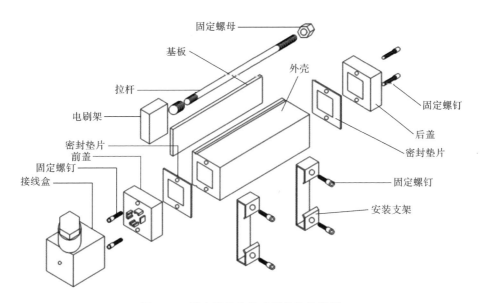

图 4-16　某直线位移传感器结构示意图

要求是±(0.3～2.5) mm,直线位移传感器的测量范围刚好与工件要求的测量范围相接近。另外直线位移传感器还具有其他的一些优点:输出信号强;线性度和重复性都比较好,在一定位移范围(几十微米至数毫米)内,传感器非线性误差可低至 1 μm;能实现信息的远距离传输、记录、显示和控制。但不足的是,它有频率响应较低,不宜进行快速动态测控等缺点。但是精密矫直过程中挠度测量并不频繁,而且测量速度也没有必要那么快,所以此缺点不会对挠度测量产生影响。

　　针对数控矫直智能装备加工对象的实际特点,加工时如果传感器直接与被测工件接触,因被加工件受到矫压机构的压力将发生变形,会对传感器产生不可预测的影响,因此一般需要辅助的传动机构或者辅助接触设备与工件直接接触,传感器无须铺设在较为狭小的矫直操作空间中,而是直接对传动件进行测量,通过换算得到所需测量量。虽然采用直线位移传感器对测量装置的传动结构的传动精度提出了较高的要求,但是测量将不会受到传感器本身大小和形状的限制。

4.6.3　工件直线度测量装置的接口方式及数据采集

　　随着技术的不断进步,直线位移传感器的智能化程度也越来越高,市场上购买的直线位移传感器可以用多种方式与计算机或者 PLC 连接,构成直线度测量系统,如图 4-17 所示。

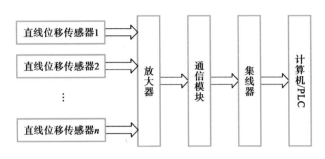

图 4-17　直线度测量系统

直线位移传感器主要是与计算机连接来构成直线度测量系统的。可以选择 USB、TCP/IP 总线或 RS-232C 总线与计算机连接。与 PLC 连接时,则在通信装置的辅助下有更多的通信协议(如 CC-LinkV2、RS-232C、TCP/IP)和通信总线(包括 Profibus、Profinet、Ethernet/IP、DeviceNET、EtherCAT)可供选择。

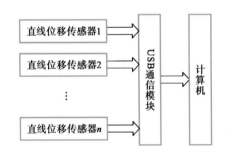

图 4-18　直线度测量装置 USB 连接

1. 与计算机连接

1) 采用 USB 与计算机连接

这种连接方式一般适用于台式夹具,连接 10 台以下的传感器。使用 USB 的总线电源无须外接电源,直线传感器通过专用的 USB 通信模块直接与计算机连接,如图 4-18 所示。

2) 采用 RS-232C 总线与计算机连接

这种连接方式适用于中规模装置,最多可以连接 60 台传感器,传感器与放大器连接,放大器接 RS-232C 专用通信模块,之后再与计算机连接,如图 4-19 所示。

3) 采用 Ethernet TCP/IP 总线与计算机连接

这种连接方式适用于远距离传输,最多可以连接 60 台传感器,传感器与放大器连接,放大器接 Ethernet 专用通信模块,然后汇总到 Ethernet 专用集线器,最后与计算机连接,如图 4-20 所示。

2. 与 PLC 连接

直线度测量装置与 PLC 连接时的连接方式与同计算机连接时类似,传感器依次连接放大器、通信模块、集线器、PLC。区别在于要使用不同的通信协议

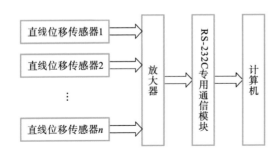

图 4-19　直线度测量装置 RS-232C 连接

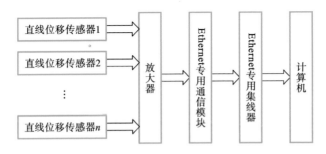

图 4-20　直线度测量装置 Ethernet TCP/IP 连接

或总线,需要连接专用的通信模块。根据通信方式的不同,选择的通信模块不同,测量系统的功能也有所不同,如表 4-2 所示。

表 4-2　PLC 连接通信方式

通信方式	判断结果读取	测量值读取	控制输入	更改公差值	备注
Ethernet (TCP/IP)	○	○	○	○	使用 TCP/IP 总线通信,通过通信程序来实现通信
EtherCAT	◎	◎	◎	○	使用循环通信方式,不需创建通信程序,设定变更使用邮箱通信
EtherNet/IP™	◎	◎	◎	○	使用循环通信方式,不需创建通信程序,使用 Explicit 信息通信和更改设定
PROFINET	◎	◎	◎	○	使用 I/O 接口通信,不需编写通信程序,使用记录数据通信和更改设定

通信方式	判断结果读取	测量值读取	控制输入	更改公差值	备注
PROFIBUS	◎	◎	◎	○	使用循环传输方式,不需编写通信程序。使用 Explicit 信息通信和更改设定
DeviceNet™	◎	◎	◎	◎	使用 I/O 接口通信,不需编写通信程序,使用 Explicit 信息通信和更改设定
CC-Link	◎	◎	◎	◎	使用循环传输,不需编写通信程序,使用握手协议控制和更改设定
RS-232C	○	○	○	○	使用 RS-232C 通信模块,通过编写通信程序进行通信
BCD	×	○	×	×	测量值与输入端子同步更新,计时器自动更新,同步选通输出后读取

注:◎符号表示节省配线且不需编写通信程序,○符号表示创建通信程序后使用,×表示无法使用。

　　直线位移传感器除了配置专用的接线模块以外,也会配备专用的数据处理软件。软件可以根据检查内容,自定义显示项目和显示形式,即使测量时装配了多台传感器也可以根据使用的要求显示所需数据。软件内置数据处理功能,可以根据用户需求显示数据处理结果。可显示项目包括测量值、运算值、条形图、个别判断结果、综合判断结果。

　　对于数控矫直智能装备,直线位移传感器测量的最终目的是为了得到导轨工件的直线度误差,将直线位移传感器布置在矫直加工对象被矫压面的对面,由多个传感器测得的数据可以得到矫直加工对象在该截面上的轮廓参数,进而得到工件的直线度误差信息。

4.6.4　数控矫直智能装备直线度检测组件状态的实时感知

　　数控矫直智能装备直线度检测组件状态的实时感知包括两个方面:检测组件采集数据的实时获取、检测组件本身运行状态和位置的实时感知,如图 4-21 所示。

　　检测组件采集数据的实时获取就是指在数控矫直智能装备加工工件的整个流程中,从加工前的直线度数据获取,到矫压过程中的直线度数据变化量获取,再到卸载且工件回弹后的直线度数据获取。在实际工作中,由于数控矫直

智能装备内部结构设计的不同、矫直行程的
不同和传感器选择的不同,在检测组件采集
数据的实时获取中,矫压过程中的直线度数
据变化量获取并非所有数控矫直智能装备都
能实现,这关系到检测组件本身运行状态和
位置的实时感知。

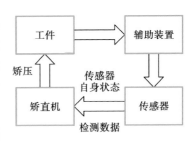

图 4-21　直线度检测组件
状态实时感知

检测组件本身运行状态和位置的实时感
知是指在数控矫直智能装备加工工件的整个
流程中,直线度检测组件的工作运行状态和
位置信息的获取。实际矫压过程中,由于操作空间内部狭小,传感器本身是高
精度元件,如果与工件的接触形式不妥当,在矫压过程中极易因为工件变形而
损坏,所以直线度检测组件在实际加工中一般不能直接和工件接触,而是需要
采用辅助传动装置,使其与矫直加工对象接触,或者直线度检测组件中的传感
器夹持部分需要在加工过程中实现避让动作。

为了实现直线度检测组件中传感器夹持部分的避让动作,需要在狭小的加
工空间中设计额外的运动机构和电气装置,测量时仍然是直线位移传感器与工
件直接接触,对精度产生影响的误差主要包括避让机构的定位误差和传动
误差。

采用辅助传动装置时,则是传动装置与导轨直接接触。传感器测量传动装
置的直线位移,再根据传动机构的参数换算出导轨上测点的直线位移。采用这
种方式时,可以将传感器布置在狭小加工空间以外的地方,可以在矫压过程中
实时获取测点的直线位移信息。在这种情况下,对传感器精度产生影响的误差
主要是传动机构本身的传动误差。

具体选择哪种方式实现直线度测量中的实时感知,可以根据具体数控矫直
智能装备的设计和功能进行选择。

4.7　本章小结

本章从数控矫直智能装备的加工特点出发,对智能数控矫直装备的感知装
备需求进行了分析,并明确了各感知装置的性能指标;分别对智能数控矫直装
备的位置、力、温度、振动和直线度感知装置的特点、选型原则、接口和数据采集
处理方式进行了介绍;最后介绍了数控矫直智能装备加工中最关键的直线度检
测组件的实时感知。

第 5 章
数控矫直过程中的智能化技术

作为典型的智能装备载体,智能专用机床是应用智能化技术的专门化数控机床,而智能化技术是智能装备的核心技术。在数控矫直技术的应用中,从传感器的选用、加工状态智能感知,到加工过程的流程控制、精度保障等环节,都需要智能化技术进行保障,以提高数控矫直装备的智能化水平,提升加工精度、人机交互能力和数控矫直的加工效率。本章将重点讨论可应用在数控矫直智能装备上的智能化技术,包括材料性能参数的辨识、矫直加载控制方法和误差控制策略。

5.1 数控矫直智能装备对工件材料性能参数的识别

在典型金属条材矫直加工过程中,就加工对象而言,工件的几何参数和初始变形量是已知的,矫直压头下压过程中的载荷和工件挠度可以实时测量,变形量也可以通过计算得出,但是,对于材料性能参数,由于工件材料具体组成成分、变形状况以及热处理效果的差异,即使是已知材料牌号和热处理方式,也只能大致确定其范围,其精确参数必须通过试验来测定。

同时,在矫直加工中,简单的一次下压往往不能使工件满足工艺要求,而需要反复多次加载、测量后才能完成工件的加工。在反复加载的过程中,必然存在冷作硬化现象,从而导致工件屈服强度发生变化。为了较精确地预测下一步的矫直行程,必须准确获取工件当前的屈服强度值;同时工件在反弯压力矫直过程中承受纯三点弯矩作用时,其内部应力主要表现为正应力,正应力在工件截面上的分布并不均匀,工件表面应力最大,越靠近中性层应力越小,且存在不同方向的应力,并且很多材料的弯曲弹性模量、拉伸弹性模量和压缩弹性模量并不相同[179]。

在自动化矫直过程中,当工件的材料性能参数发生轻微波动时,如果不能对相关的工艺参数进行适应性调整,就会对工件质量产生较大的影响。所以,为提升加工精度,实现加工过程的实时监测、在线实时识别、实时预测和实时控制十分必要。

5.1.1 材料性能参数及其影响因素

典型金属条材的材料性能参数包括弹性模量、屈服强度、强化系数和硬化指数等。其中,弹性模量与其他参数相比,在矫直加工中的变化不大,其主要影响因素有以下几个[97,180,181]:

(1) 金属材料特性、晶格类型、晶粒大小和点阵间距。

(2) 合金元素。合金的晶格常数会由于合金元素溶入而改变,就钢材而言,少量的合金元素对其晶格常数影响不大,对弹性模量的影响也很小。

(3) 金相组织。热处理前后,弹性模量会产生一定程度的变化。金属在淬火后,弹性模量会稍有下降,但是,经过回火处理后,弹性模量将恢复。

(4) 加工冷作硬化。在塑性变形情况下,弹性模量将稍有降低,降低的量一般在 5% 左右。而塑性变形较大时,材料将出现各向异性,弹性模量沿变形方向增大。

(5) 材料温度及在 −50~50 ℃ 范围内,弹性模量变化很小,但是在高温时,温度每升高 100 ℃,弹性模量将下降大约 4%。

(6) 加载速度。加载速度对弹性模量的影响较小。

因此,在常规条件下,一旦材料组成成分、金相组织确定之后,其弹性模量是基本保持不变的,只有在发生塑性变形的时候,才有一定程度的变化。

屈服强度是一个组织结构敏感性指标,一旦材料的金相组织结构发生轻微的变化,就会对位错运动产生影响,从而改变材料的屈服强度。

常规金属材料是多晶体合金,且具有多相组织,故在讨论影响屈服强度的因素时,必须考虑以下三点:

(1) 金属材料的屈服变形是位错增殖和运动的结果,一切影响位错增殖和运动的因素,必然会对材料屈服强度产生影响;

(2) 整个材料的力学行为并不是由单个晶粒的力学行为所决定的,要考虑晶界、相邻晶粒间的约束、材料的化学成分以及第二相的影响;

(3) 各种影响元素通过位错运动来影响屈服强度。

因此,影响屈服强度的因素简而言之可以分为内、外两方面因素。内在因素包括金属本性和晶格类型、晶粒大小和亚结构、溶质元素、第二相等,而外在因素主要有温度、加工冷作硬化、变形速度以及应力状态等。

通过加工冷作硬化,使金属预先产生塑性变形,可以一定程度地提高其屈服强度。金属塑性变形量越大,其屈服强度提高幅度也越大。

温度与金属的屈服强度成负相关,即随着温度的升高,金属屈服强度降低,反之则升高。但是,金属晶体结构不同,其变化趋势也不尽相同。

变形速度增大,金属的屈服强度增加。

此外,应力状态对屈服强度的影响表现为切应力越大,越有利于塑性变形,金属的屈服强度则越低[135]。

因此,为改变金属的屈服强度,可以采用合金化、热处理和冷变形等方法。

综上所述,材料的不均匀性、热处理方式、工件使用状况以及在矫直加工过程中存在的冷作硬化现象等因素,都将导致材料性能参数发生波动,影响矫直行程的预测精度。

5.1.2 材料性能参数在线识别模型和检测参数的确定

在线识别模型是进行参数识别的基础。根据矫直基本原理构建的矫直加工过程的力学模型如下:

$$
F=\begin{cases} k\delta & 0<F<F_{\mathrm{e}} \\ f(\delta) & F_{\mathrm{e}}<F<F_{\mathrm{p}} \\ k(\delta-\delta_0) & 0<F<F_{\mathrm{p}} \end{cases} \tag{5-1}
$$

式中:F_{e}为弹性极限载荷;F_{p}为矫直允许的最大载荷,即塑性极限载荷。

弹塑性弯曲变形阶段的 F 和 δ 之间的关系呈非线性,用函数可表示为 $F=f(\delta)$。同时,面向回弹控制的矫直过程中,必须考虑多种因素,综合式(2-41)和式(2-53)可得到矫直过程的材料性能参数识别模型:

$$
F=\begin{cases} \dfrac{6EI}{l^3}\delta & 0<F<F_{\mathrm{e}} \\ 6\left(\delta_{\Sigma}-\displaystyle\int_{l_{\mathrm{e}}}^{l} C_{\Sigma x}x\,\mathrm{d}x\right)\dfrac{EI}{l_{\mathrm{e}}^3} & F_{\mathrm{e}}<F<F_{\mathrm{p}},\dfrac{x}{l_{\mathrm{e}}}=1.5 \\ & -\dfrac{0.5}{\overline{C}_{\Sigma x}^2}+\lambda\left(\overline{C}_{\Sigma x}-1.5+\dfrac{0.5}{\overline{C}_{\Sigma x}^2}\right) \\ \dfrac{6EI}{l^3}(\delta-\delta_0) & 0<F<F_{\mathrm{p}} \end{cases} \tag{5-2}
$$

$$
\Delta\delta=K\left(\dfrac{1+r}{\sqrt{1+2r}}\right)^{1+n}\dfrac{3(1-\nu^2)}{HE(1+n)}\left(\dfrac{H}{2}\right)^n C \tag{5-3}
$$

由于无法写出 $\overline{C_{\Sigma}}=f(x)$ 的显式表达式,式(5-2)中的积分必须采用数值方法进行求解。

根据矫直工艺特点和矫直过程数学模型,矫直工艺中在线识别的对象是材料性能的相关参数,对典型金属条材而言,包括弹性模量、屈服强度和强化系数。考虑到式(5-2)所示的矫直力学模型由矫直载荷 F、矫直行程 δ_z、材料性能参数 E 和 $\overline{C_\Sigma}$ 组成,笔者选用矫直载荷和弯曲挠度作为在线检测量,工件的截面形状和尺寸为已知条件。以影响弹塑性变形阶段矫直行程计算精度的主要材料性能参数弹性模量 E、相对曲率 $\overline{C_\Sigma}$、屈服极限 σ_s、厚度异向系数 r、硬化系数 n 作为在线识别量。

5.1.3　热处理对工件材料状态的影响因素分析

1. 热处理工艺

热处理就是一种通过改变材料的原始显微组织来改变材料性能,从而满足不同要求的工艺方法,一般需对材料进行加热、保温和冷却。

对材料进行热处理可以改变其强度、硬度、韧度等性能,从而满足不同的要求,同时在加工过程中可以改善原材料的切削性能以便于加工操作,因此热处理在制造业中的作用越来越重要。热处理是改善材料性能,保证零件质量和精度的重要工艺方法,在很多制造工艺中都是不可或缺的重要工序。目前,机床制造中所需的零件 60%~70% 都必须经过热处理,而这一比例在拖拉机、汽车中占了 70%~80%,对材料强度要求比较高的滚动轴承以及工具如刀具、模具等必须都进行热处理[182]。

常用的热处理方法有退火、正火、淬火以及回火。此外,为提高材料的表面硬度,通常还会采用表面热处理、表面淬火、化学热处理等热处理方法。

2. 普通热处理

1) 退火

在热处理之前通常要对原材料进行预备热处理。退火可以使材料获得接近平衡的组织结构,消除锻造中产生的内应力,因此可作为预备热处理工序。此外,为得到良好的塑性和较高的韧度,也可采用退火处理。在加工工艺中,为使材料便于切削加工,通常利用退火来降低材料硬度。退火的方法是将材料加热到一定温度后缓慢冷却。

退火根据加热温度的不同可分为完全退火、球化退火和低温退火。GCr15钢主要用到的是球化退火。

2) 正火

对于过共析钢,有时为球化退火做准备,需先进行正火以减少或消除存在的网状二次渗碳体。正火的作用与完全退火很相似,也是用来解决原始铸锻件材料组织不均匀以及粗大晶粒问题的热处理工艺。正火冷却速度比退火快,因此效率相对较高,可部分取代完全退火。但与退火不同的是,正火后形成的显微组织比退火形成的珠光体更细,因此,材料硬度也更高,此外正火消除内应力的作用不大。因此正火虽然与退火作用有一定的相似,但不能取代退火。此外正火也可用于部分零件的最终热处理。

3）淬火

导轨在使用过程中对硬度和耐磨性具有很高的要求,而马氏体通常具有比较高的硬度和耐磨性,因此可以通过热处理获得马氏体来改善材料的性能。通过淬火可以获得马氏体组织,方法是将原材料加热到一定温度后浸入冷却介质（水、机油等）中快速冷却。但淬火会降低材料的塑性和韧度。

4）回火

由于淬火时产生的马氏体是在快速冷却的强制作用下形成的,组织很不稳定,且材料内部存在大量热应力,为将淬火马氏体转变为稳定组织以及消除淬火内应力,通常在淬火后进行回火处理。即将淬火处理后的材料重新加热并保温后冷却。原子的活动能力随着温度的升高而加强,因此当材料被重新加热时,温度越高,马氏体中的碳化物析出越多,由于溶于马氏体中的碳能增加马氏体的硬度,降低塑性、韧度,故回火将导致金属材料硬度的下降以及塑性和韧度的增强。

可将回火按加热温度的不同分为以下三种。

（1）低温回火（150～250 ℃）：可在很大程度上保留淬火产生的硬度和耐磨性的同时降低淬火导致的脆性和内应力,因此低温回火在工件热处理中应用最广。工具钢如滚动轴承、刀具、模具等对材料硬度和耐磨性的要求高,回火时主要采用低温回火。

（2）中温回火（350～500 ℃）：各种发条、弹簧、锻模等,由于对弹性有特殊要求,可使用中温回火,因为中温回火可使材料在保留一定韧度和硬度的同时获得较高的弹性。

（3）高温回火（500～650 ℃）：经高温回火后材料内产生细粒状渗碳体,与一般的片状渗碳体相比可使材料不易产生应力集中,从而使金属材料韧度得到明显提高,因此如曲轴、齿轮、连杆等主要承受接触疲劳载荷的重要中碳钢构件主要采用高温回火。

3. 表面淬火

表面淬火是指通过控制加热方式的方法对工件表面进行淬火,在使工件表面达到高硬度、高耐磨性的同时使工件心部保持原始状态,是一种应用比较广泛的表面热处理工艺。

为实现局部淬火,表面淬火常使用火焰加热、电接触加热、激光加热、电感应加热等加热方式。采用激光加热,与采用其他加热方式相比,淬火后工件具有更均匀的硬化层和硬度,且激光淬火前后工件的变形几乎可以忽略,淬火时容易控制其加热轨迹与加热层深度,实现自动化淬火工艺,这些对于典型精密金属条材比较重要。此外,激光淬火还不受工件尺寸的限制。

由于现代机械对典型精密金属条材承载能力的需求,经常要对导轨进行表面硬化处理。对于典型精密金属条材——直线导轨而言,电感应淬火和火焰淬火还存在的两个主要问题:要获得均匀的硬化层比较困难;会使工件产生比较大的变形,从而影响导轨的精度。因此,相对于其他表面淬火工艺,激光淬火更具有优势,因此逐渐开始广泛应用于导轨加工工艺中。

激光淬火是利用激光快速加热来进行材料表面淬火的技术。与普通热处理加热方式不同的是,激光的功率密度高,因此达到相变温度的时间很短,处理区域也很小,不需要冷却介质(水、机油)就可快速冷却,因此比较快速和清洁,淬火后表面粗糙度低,无氧化皮产生,因此可减少后续工序的工作量。

激光淬火时如果温度达到淬火温度后继续升高,直到将工件表面熔化,就成了激光熔凝淬火。此时,由于熔化区热量向外部以及工件内部传导,使熔化区快速凝固结晶,最后形成的熔凝区显微组织非常细密,因此工件表面具有很高的硬度和耐磨性。由于温度的影响,从淬火层到工件心部的显微组织可分为熔凝区、高温热影响区和基体区。其熔凝区硬度一般比激光淬火的相变硬化区高,且硬化区更深,具有更好的耐磨性。但由于工件表面是熔化后再凝固的,因此熔凝淬火后工件的表面精度会受到影响,必须再采用后续工序对表面进行处理。

激光淬火和激光熔凝淬火统称为激光淬火技术,适用于铸铁以及中碳钢等材料,主要应用于各种滚轮零件、模具、汽缸内壁、轴颈以及导轨等对表面硬度要求比较高的零件。

4. 热处理对工件材料状态试验方案设计

以下将结合导轨矫直行程的理论模型,通过试验研究不同热处理方式下同种材料导轨的性能参数的变化。通过弯曲试验测试导轨的实际弯曲性能以对理论模型进行修正,通过金相分析试验和显微硬度试验观察热处理导致的金属材料显微组织的变化以及相应的硬度变化。试验中采用了五个导轨样件,编号为 1~5。其参数如表 5-1 所示。导轨样件共有三种截面形状,如图 5-1 所示。

表 5-1　样件参数表

样件号	材料	截面尺寸 /(mm×mm)	弹性模量 /MPa	屈服强度 /MPa	热处理方式
1	GCr15	20×18	190089	353	球化退火
2	GCr15	20×18	190089	1768	激光表面淬火
3	GCr15	20×18	190089	1824	激光熔凝淬火
4	GCr15	16×15	190089	382	未热处理
5	GCr15	23.8×23	190089	1000	淬火＋回火

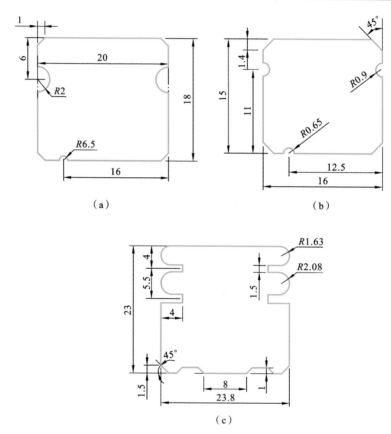

（a）　　　　　　　　　　　　（b）

（c）

图 5-1　工件截面形状

　　直线导轨 GCr15 典型的热处理工艺主要有淬火、回火、球化退火。

　　（1）淬火　过共析钢的淬火加热温度高于 AC_1 线太多以及加热到完全奥氏体化的 AC_m 线或以上温度获得的材料性能都不理想,应加热到略高于 AC_1 线温度。故 GCr15 钢的正常淬火加热温度为 830～860 ℃,多用油冷,最佳淬火加热温度为 840 ℃, 淬火后的硬度达到 63～65 HRC。在实际生产条件下, 根据模具有效截面尺寸和淬火介质的不同, 所用的淬火温度可稍有差别。如对于尺寸较大或用硝盐分级淬火的模具, 宜选用较高的淬火温度(840～860 ℃), 以便提高淬透性, 获得足够的淬硬层深度和较高的硬度; 对于尺寸较小或用油冷的模具, 一般选用较低的淬火温度(830～850 ℃)。相同规格的模具, 在箱式炉中加热应比盐浴炉加热的温度稍高。

(2) 回火　随着回火温度升高, 回火后的硬度下降。由于 GCr15 属于工具钢, 其回火温度超过 200 ℃后, 将进入第一类回火脆性区, 所以, GCr15 钢的回火温度一般为 160～180 ℃, 属于低温回火。

(3) 球化退火　加热到 AC_1 线以上 20～30 ℃。球火退火用于改善直线导轨切削加工性, 并为淬火做好准备。

5.1.4　金相状态变化对工件材料矫直行程预测的影响

5.1.4.1　金相分析试验

金相分析在材料研究领域占有十分重要的地位, 是研究材料内部组织的主要手段之一。金相显微分析法就是利用金相显微镜观察为分析而专门制备的金相样品来研究材料组织的方法[183]。

金相显微镜包括光学金相显微镜、电子显微镜、场离子显微镜等, 它们的分辨能力和放大倍数差别很大, 但光学金相显微镜由于操作比较简单, 实用性强, 应用最为广泛。

金相分析是研究金属微观组织最常用的一种方法。这种方法可使人们了解到金属微观组织的一些客观特征和某些工艺处理引起的组织变化规律, 作为金属科学研究方法应用于机理探讨及新合金、新工艺的研究等诸多方面。特别是在应用于生产实践中时, 是控制产品质量、监测产品生产与改进工艺的重要常规试验方法之一。

在利用金相显微镜分析金属及其合金过程中, 除科学合理地使用金相显微镜以及准确判定和分析金相组织外, 应特别注意, 研究和评价材料微观组织形貌、结构的对象和依据是金相样件, 应认识到优良的金相样件取样制备及显示在金相分析工作中是特别重要的环节。金相样件的制备流程如图 5-2 所示。

所取的部分导轨样件如图 5-3 所示。对导轨样件进行研磨抛光, 如图 5-4 所示。经浸蚀处理后得到的试样如图 5-5 所示。

金相分析中所观察到的各样件金相组织分别如图 5-6 至图 5-10 所示。

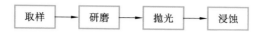

图 5-2　金相样件的制备

图 5-3　部分导轨样件

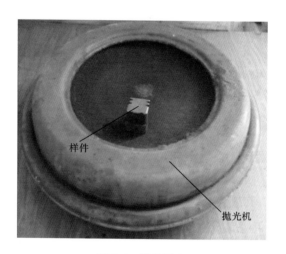

图 5-4　样件抛光

　　1号样件材料为激光淬火前毛坯材料,热处理方式为球化退火[184],其组织表现为呈球状小颗粒的碳化物均匀分布在铁素体基体上,如图5-6所示。

　　2号样件材料为经过激光表面淬火的材料。激光表面淬火后获得的金相组织可分淬火区、过渡区和基体区[185]。淬火区主要由细小针状马氏体和周围分布的少量球状碳化物组成,如图5-7所示。在激光快速加热时,由于钢的过热度极大,造成奥氏体的形核数量剧增,而周围弥散分布的碳化物阻止了奥氏体晶

图 5-5　金相样件

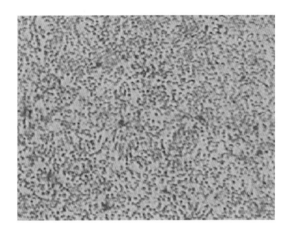

图 5-6　1 号样件金相组织

图 5-7　2 号样件金相组织

粒的增大,使奥氏体晶粒产生细化,经马氏体相变后产生细小的针状马氏体组织。过渡区主要由马氏体、碳化物、残余奥氏体和铁素体组成。其形成原因是:激光淬火时过渡区的温度梯度相对较小,导致碳原子的扩散和迁移都不明显,铁素体不能充分转化为奥氏体,碳化物不能充分溶解。过渡区晶粒较淬火区粗大也是铁素体未完全奥氏体化的结果。基体区为原始球化退火状态。

3 号试样经过激光表面熔凝处理,显微组织可分为三个区域:熔凝区、高温热影响区、基体区[186]。熔凝区组织为精细的胞状结晶奥氏体组织,高温热影响区主要由粗大奥氏体组织组成,基体区组织与球化退火显微组织一样,如图 5-8 所示。

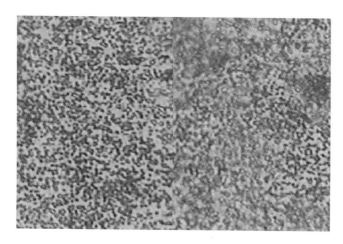

图 5-8　3 号样件金相组织

4 号样件材料为锻造后的轴承钢毛坯材料,未经任何热处理,其金相组织为索氏体和细小网状碳化物,如图 5-9 所示。

5 号样件金相组织为 GCr15 钢的正常淬火＋回火组织,主要由回火马氏体、残余碳化物和残余奥氏体组成,图 5-10 所示。回火马氏体组织均匀,无明显针状,这是因为淬火时温度远远未达到使晶粒粗化的程度,采用的是不完全淬火,淬火后存在大量未溶解的残余碳化物,马氏体在生成过程中不能越过碳化物颗粒以及母相的晶界。

在 5 号样件金相图片中还可以看到一些黑色区域,这是屈氏体。其主要是由于淬火时加热温度偏低,或保温不充分,或者冷却速度不够快等原因而形成的。这些黑色区域会造成导轨硬度降低,也就是所谓的淬火软点。

随着回火温度升高,GCr15 钢回火后的韧度会下降,在 225~250 ℃之间回火时,GGr15 的冲击韧度最低,也就是会进入第一类回火脆性区。这主要是回

图 5-9   4 号样件金相组织

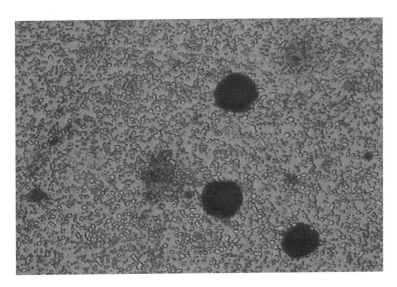

图 5-10   5 号样件金相组织

火时的组织转变导致的:残余奥氏体为能承受冲击能量的韧性胶结物,当回火温度进入回火脆性区时残余奥氏体会分解,造成冲击韧度降低;马氏体内析出片状碳化物,导致导轨冲击韧度降低。

5.1.4.2   试验结果分析

在本试验中采用维氏压头(相对面夹角度 $136°\pm15'$)测量维氏硬度。试验样件可直接采用金相分析试验时制备的金相样件,由于显微硬度测试时会在表面造成压痕(见图 5-11),因此,必须在金相图片采集完后进行。测试时根据样件硬度选择合适的试验力。随着试验力的增大,压痕周围的变形也在增强,因此试验力过大会影响测得的硬度值;同时试验力也不能过小,否则眼睛不能有效辨别凹坑大小,会影响测量精度。

图 5-11 显微硬度测试凹痕

从样件横截面边部过渡到心部的数个合适位置取 10 个点,以观察不同热处理方式下 GCr15 导轨横截面上硬度的变化趋势。为保证测量精度,在同一位置取 3 个点测量并取测得硬度的平均值,作为此位置的显微硬度。

所获得的试验数据如表 5-2 所示。

表 5-2 显微硬度试验数据

1 号样件		2 号样件		3 号样件		4 号样件		5 号样件	
硬度 /HV	位置 /mm	硬度 /HV	位置 /mm	硬度 /HV	位置 /mm	硬度 /HV	位置 /mm	硬度 /HV	位置 /mm
251.1	0	344.5	0	277.5	0	186.6	0	214.5	0
294.9	1	269.6	1	272.2	1	196.1	1	223.5	1
276.9	2	307.2	2	287.4	2	202.5	2	232.1	2
269.1	3	275.1	3	273.7	3	210.7	3	237.3	3
278.5	4	307.0	4	296.6	4	218.6	4	234.3	4
262.5	5	292.0	5	281.8	5	221.4	5	229.7	5

1 号样件		2 号样件		3 号样件		4 号样件		5 号样件	
硬度 /HV	位置 /mm	硬度 /HV	位置 /mm	硬度 /HV	位置 /mm	硬度 /HV	位置 /mm	硬度 /HV	位置 /mm
236.5	6	296.0	6	277.5	6	225.3	6	225.2	6
253.9	7	261.0	7	246.1	7	229.6	7	220.1	7
276.4	8	250.1	8	267.0	8	226.7	8	217.8	8
238.6	9	240.6	9	285.0	9	223.1	9	211.6	9

为了对硬度变化趋势有直观的了解,在 MATLAB 中使用如下程序对获得的数据进行最小二乘法拟合:

```
clc
clear
P=[0 1 2 3 4 5 6 7 8 9];
H=[251.1 294.9 276.9 269.1 278.5 262.5 236.5 253.9 276.4 238.6];
m=polyfit(p,h,3);%   对测量的硬度值和相应的位置进行拟合
x1=0:1:9;
y1=polyval(m,x1);
plot(x1,y1,'-','LineWidth',2);
xlabel('P(1mm)');
ylabel('H(1hv)');
grid on;
```

作出拟合曲线,如图 5-12、图 5-13 所示。

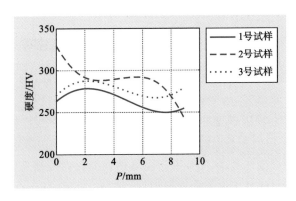

图 5-12　激光淬火导轨硬度变化曲线

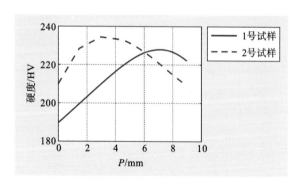

图 5-13　普通热处理导轨硬度变化曲线

通过硬度变化曲线与前面对金相显微组织的分析可以发现,经淬火回火后导轨在相变硬化区的硬度明显比毛坯高,可见热处理改善了材料的性能。而激光表面淬火与普通热处理相比,由于激光表面淬火后的显微组织为细化的马氏体,所获得的表层硬度比普通淬火、回火所获得的表面硬度明显要高,但激光表面淬火后导轨心部组织不受影响,仍保持原球化退火组织,因此心部硬度仍保留良好韧性。在本试验中 3 号激光熔凝淬火样件显微硬度比 2 号激光表面淬火样件低,这有可能是淬火温度过高造成的。因为对于过共析钢,在一定温度范围内,随着加热温度的升高,会有更多的碳化物融入奥氏体中,使得奥氏体的稳定性增加;同时马氏体中的含碳量增加会使样件硬度提高,但如果温度过高,奥氏体晶粒会粗化,马氏体相变时就得到粗大的马氏体和更多的残余奥氏体,从而影响样件硬度。

因此在不考虑热处理成本的情况下,激光淬火相对于其他热处理方式能使典型精密金属条材成品具有良好的综合性能,具有一定的优势。

5.1.5　矫直加载过程中的材料性能参数在线识别

在矫直工艺中,在线识别的对象是材料性能相关参数,对于典型精密金属条材——直线导轨而言,包括弹性模量、屈服强度和强化系数。而其在线识别的样本数据表现为载荷-挠度曲线,即已知当前工件的挠度与当前的弯曲载荷的映射关系。

为提高在线识别的效率,采用基于 LM 的误差反向传播人工神经网络在线识别方法来进行材料性能参数的在线识别[187]。

5.1.5.1　参数识别的神经网络方法

误差反向传播前馈网络(BP 网络)是目前应用较为广泛的人工神经网络之

一,其可实现较为复杂的非线性映射问题,对非线性参数识别有较好的效果[188]。BP 神经网络是一个典型的前向多层网络。一般地,该网络由输入层、隐含层和输出层组成,如图 5-14 所示。相邻的层之间采用全互连方式,隐含层可为一层或者多层。由多个神经元构成的网络可以完成较为复杂的行为。人工神经网络的基本工作过程是对给定的输入产生响应,通过一定的网络计算而得到输出。为使该网络能够较好地满足给定的输入、输出的映射关系,就必须对网络的具体结构形式和连接强度进行不断改进和优化,这个改进和优化的过程称为训练[188]。

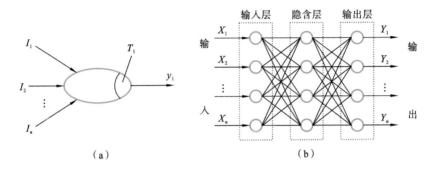

图 5-14　BP 神经网络示意图

5.1.5.2　识别模型的拓扑结构及算法

在矫直过程中,影响矫直行程的基本参数包括矫直载荷 F、工件的弯曲挠度 δ、工件的截面形状和截面尺寸,在这里考虑为截面惯性矩 I、工件的支承跨距 l 等。而需要识别的参数有弹性模量 E、相对曲率 $\overline{C_{\Sigma}}$、屈服强度 σ_s,厚度异向系数 r、硬化系数 H_c。

根据以直线导轨为例的弯曲试验数据,3 个试验样件的数据均由弯曲载荷和挠度组成,经过逆向求解,可将弯曲试验得到的数据转化为矫直过程数据,该数据可作为参数识别中的已知条件。构造如图 5-15 所示的拓扑结构。应用 MATLAB 的神经网络工具箱编写该神经网络的训练程序[189],参考已有的网络结构构建的经验[190,191],确定隐层节点数的范围为 $60 \sim 100$,由此选取 80 个隐层节点。

构造函数 $F = (E, \sigma_s, n, r, \delta)$,其中 δ 为矫直行程,求实测值 F 与理论计算值 $F = (E, \sigma_s, n, r, \delta)$ 之差的平方和,即应用最小二乘法来求解。

弹性模量的曲线拟合方程为

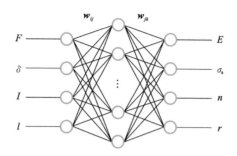

图 5-15　矫直过程材料性能参数识别神经网络模型

$$J_{\text{obj}}(E) = \min \sum_{i=1}^{N} \left[F_i - F(E, \sigma_{si}, n_i, r_i, \delta_i) \right]^2 w_i$$

表 5-3　样件的基本材料性能参数

材料	规格 $B \times H \times L$ /(mm×mm×mm)	弹性模量 E/GPa	屈服强度 σ_s/MPa	强化系数 n	各向异性 系数 r
GCr15	15×10×250	190	382	0.95	0.23

5.1.5.3　训练和识别结果

由 3 个试样弯曲试验结果逆向求解获得共 1312 组样本数据,从中随机抽取 800 组数据作为训练样本,对神经网络进行训练。经超过 5 h 时间,训练 18000 步,网络误差收敛到 5‰,其网络精度如图 5-16 所示。由于在常规的神经网络模型的应用中,神经网络的学习和训练过程是在线下完成的,学习和训练时间的长短与在线识别的实时性无关,因此,神经网络模型的应用最关键的是计算过程是否能收敛到理想的精度。

5.1.5.4　性能参数的识别方案

根据 3 个试验样件的试验数据,对比样件的基本性能参数。由于 2 号样件的热处理方式与其他样件不同,在性能参数上会有些变化,故在这里不采用其做对比试验。

将在线识别后得到的材料性能参数代入式(5-2),可知各参数结果在不综合取平均值的情况下是与弯曲挠度值一一对应的。因此可以根据已知的样件数据作出矫直载荷-挠度关系曲线,然后在同一个坐标内进行对比分析。

1 号样件和 3 号样件在线识别载荷-挠度曲线对比的结果分别如图5-17和

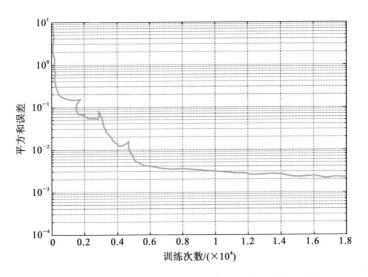

图 5-16　训练次数为 18000 时 F' 和 F 的平方和误差

图 5-18 所示。其中实线部分是根据样件性能参数（见表 5-3）作出的曲线，虚线部分为在线识别后得到的曲线。

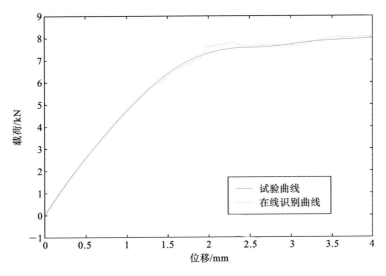

图 5-17　1 号样件在线识别的载荷-挠度曲线与试验载荷-挠度曲线的比较

为分析识别的各性能参数与已知值在弯曲挠度方向上的变化量，将 1 号样

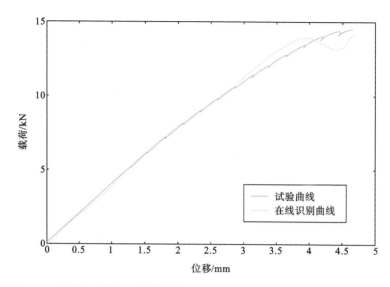

图5-18 3号样件在线识别的载荷-挠度曲线与试验样件载荷-挠度曲线的比较

件的性能参数 E、σ_s、n、r 与已知性能参数进行误差比较,其结果如图 5-19 所示。

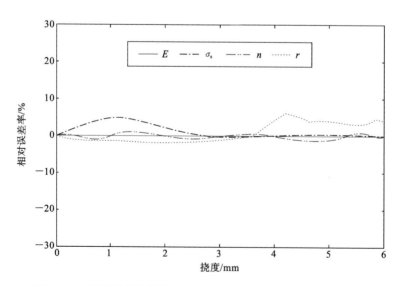

图 5-19 1号样件的各性能参数识别数据误差与弯曲挠度关系曲线

经对比可知,在线识别的结果数据与已知值相差不大,在取平均值的情况下,误差小于 1%。在弹性变形阶段,由于材料的应力-应变关系呈线性,故在线识别较为简单,识别结果基本上与已知值一致,而当材料进入弹塑性阶段时,越靠近塑性变形区,在线识别结果的准确性越差。这说明,理论模型与实际变形情况存在着一定的差别,而且在塑性变形区的应力-应变关系波动较大,同时也说明导轨材料存在一定的屈服平台,在这个平台上,载荷和挠度之间的关系呈非线性,在建立理论模型时对此也考虑得比较少。

在这里,还应该注意:强化系数和各向异性系数在线识别结果在弹性变形阶段和弹塑性变形后期与已知值有着较大的差别,而仅仅在弹塑性变形的前期与已知值保持一致。

通过对在线识别结果与已知值的对比分析可知,在矫直加工的前期进行材料性能参数的识别是可能的,即在弯曲挠度较小,或者是矫直行程很小时,也就是在矫直加工弹性变形区域内进行在线识别可获得符合加工要求的结果。但是,由于要获得材料的屈服强度值,至少需要加载到材料弹塑性变形的前期,所以,最佳的在线识别阶段为材料发生屈服前的 1.5~2 mm 的区域内。

5.2 数控矫直智能装备的智能控制与补偿技术

5.2.1 智能矫直控制系统设计要求和工作原理

在反弯压力矫直中,矫直加载系统的压头是主要加工部件,其运动轨迹为直线。压头加载的方向是垂直于工件表面的,一次加载可以改变与当前接触面垂直方向上的工件直线度。

以回弹控制为主要目的、基于行程控制的矫直加载方式对加载过程基本要求如下:

(1)足够的加载功率,以保证工件发生变形,提高加工范围。

(2)能够保证加载运动位置的精确性,即精确的矫直行程控制,需要采用精确的矫直加工的加载位移的位置控制模式。

(3)加载过程平稳,以满足回弹控制的要求。

根据具体的工作要求,矫直加载系统必须具有较高的位移调节能力,其中表现在静态设计方面有以下要求:

(1)具有足够的动力来克服摩擦力和负载。笔者所研究的数控矫直设备在矫直加工中最大矫直力为 100 kN,电动机轴上的转矩需要 20~40 N·m。

(2)具有微量进给能力。目前测量装置的最小分辨率为 1 μm。

（3）具有高静态扭转刚度，以提高进给系统的刚度。

（4）进给速度均匀，在速度很低时无爬行现象。

而对矫直压力加载系统在动态设计方面的要求有：

（1）具有足够的快速响应能力，具有合适加速和制动转矩，以便快速地完成启动和制动过程。目前常用的带有速度调节的伺服电动机，其响应时间通常为 $100 \sim 150$ ms；在整个转速范围内，加速到快进速度或对快进速度进行制动需要 $20 \sim 200$ N·m 的转矩；而在换向时加速到加工进给速度需要 $10 \sim 150$ N·m 的转矩。驱动装置应能在很短的时间内达到 3 倍的额定转矩。

（2）具有良好的动态传递性能，以保证在加工中获得高的位置精度。

（3）其有较小的负载扰动误差。

目前矫直加载系统中，常采用压力机或者冲压机压头的结构，即利用曲轴（或曲柄）、连杆和滑块机构把旋转运动变成直线运动，以满足反弯压力矫直对压头运动轨迹的要求。按动力源来分，矫直加载系统有电液伺服加载系统、直流伺服加载系统和交流伺服加载系统等。

电液伺服加载系统主要由机械执行部件、电液伺服阀、低速大转矩液压马达或液压缸及位置检测与反馈控制等部分组成。该系统的优点是矫直压力大、结构紧凑、响应快、低速性能好，传动刚度和精度也比较好；缺点是占地面积大、噪声大、效率较低，对液压油的质量要求较高，对环境有一定程度的污染[117,192]。

直流伺服加载系统中的直流大惯量伺服电动机具有良好的宽调速性能，输出转矩大，过载能力强。由于电动机惯性可以与机床传动部件的惯量相匹配，其闭环系统可调整性较好。直流中小惯量伺服电动机和大功率晶体管脉宽调制（PWM）驱动装置可以实现频繁启动、制动及快速定位等要求[193]。

交流伺服加载系统具有较强的适应性，可在恶劣的环境中使用。目前的交流伺服加载系统中的电流环、速度环和位置环的反馈控制已全部实现数字化，全部伺服控制模型和动态补偿均由高速微处理器及其控制软件进行实时处理，采样周期只有零点几毫秒。采用前馈与反馈结合的复合控制可以实现高精度和高速度。同时，交流伺服加载系统具有调速范围宽、稳速精度高、动态响应快速及四象限运行等优点，使其动、静态特性与直流伺服加载系统相比有极大的提高。与液压系统相比，交流伺服系统在对环境的要求和加载精度方面都有着一定程度的优势[194]。

为了实现面向回弹控制的矫直加载要求，在研究中选用曲柄滑块机构作为矫直设备的加载执行部件，曲柄带动连杆推动滑块上的矫直压头完成矫直操作。根据实际需要,系统的动力源选用加载精度较高、精度可控性好的交流伺服系统。同时,采用光栅式位移传感器测量矫直压头的行程,并反馈给运动控制器,构成闭环系统。具体工作原理如图 5-20 所示。

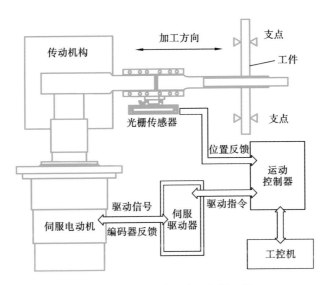

图 5-20 矫直加载系统工作原理图

伺服电动机为整个矫直加载系统提供动力,传动机构将伺服电动机的旋转运动转化为矫直压头的直线运动,使压头沿直线方向做往复运动,可以实现以夹持组件为工件支承的三点反弯压力矫直加工。由于压头与连杆相连,故可以实现沿着一个方向对工件进行推或者拉的加工操作。伺服电动机的控制信号由工控机通过运动控制器发出,而压头运动的位移由光栅位移传感器测量,通过运动控制器反馈给工控机,不断修正伺服电动机的控制信号。

5.2.2 矫直智能加载过程的工况分析

影响矫直加工过程中负载的因素包括传动机构的惯性矩、阻尼系数、工件的弹塑性变形挠度和载荷。工件在加载过程中受到的力矩可以分为以下几个部分:

(1)矫直反作用力矩 在矫直加载过程中,金属材料在矫直载荷的作用下会发生弹塑性变形,因此负载的变化也会随材料的载荷-挠度曲线发生变化,即矫直反作用力矩是波动的。

(2)摩擦力矩 它是由于零部件之间的相互摩擦运动而产生的。

（3）惯性力矩　主要是回转惯性力矩，是零部件绕其轴心变速运动时所产生的转动惯量引起的力矩。

（4）其他因素引起的力矩。

矫直加载系统的执行机构是一个偏置的曲柄滑块机构。矫直驱动端为曲柄，而矫直压头为滑块，如图 5-21 所示。驱动端以恒定的角速度 ω 旋转，设 x 为矫直压头的质心 C 点的运动位移，X 轴的指向为运动的正方向。压头中心 B 点的运动与压头质心 C 点运动相同，故可以压头中心 B 点的运动表示压头的运动。设曲柄旋转的角位移和滑块的位移的中点分别是 O_1、O_2，由于采用偏置结构，当系统处于待加工状态时，A 点与 O_2 点重合，而压头位置 B 点并不与 O_1 点重合。图中的 B 点表示矫直压头负方向的极限位置，而 B' 点表示矫直压头正方向的极限位置。

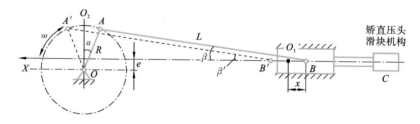

图 5-21　偏置式曲柄连杆滑块机构原理图

在研究中以矫直压头的中点位置为基准，设曲柄与垂直方向夹角 $\angle O_2OA$ 为 α。连杆与水平线的夹角为 β。在某一时刻，矫直压头从中点位置 O_1 沿着 X 轴负方向移动一段距离。通过几何关系分析，可得压头在 X 轴的运动位移 x：

$$x = L(\cos\beta - \cos\beta') + 2R\sin\alpha$$

其中 β 为当前连杆与水平线的夹角，且

$$\cos\beta = \frac{\sqrt{(L^2 - (R-e)^2}}{L}$$

$$\cos\beta' = \frac{\sqrt{L^2 - (R\cos\alpha - e)^2}}{L}$$

故矫直压头的位移可表达为

$$x = \sqrt{L^2 - (R\sin\alpha - e)^2} - \sqrt{L^2 - (R-e)^2} + R\sin\alpha$$

而在某一时刻，矫直压头从中点位置 O_1 沿着 X 轴正方向移动一段距离 x 时，有

$$x = \sqrt{L^2 - (R-e)^2} + R\sin\alpha - \sqrt{L^2 - (R\sin\alpha - e)^2}$$

与矫直压头沿负方向移动时一致。

当矫直压头均处于极限位置时，$\overline{BB'} = 2R\sin\alpha$。

由于角度 α 是关于角速度和时间的函数，而位移 x 同样是关于时间的函数，故沿 X 轴正方向的位移为

$$x = s(t) = \sqrt{L^2 - (R-e)^2} - \sqrt{L^2 - (R\cos\alpha(t) - e)^2} + R\sin\alpha(t) \quad (5\text{-}4)$$

沿 X 轴负方向的位移为

$$x = s(t) = \sqrt{L^2 - (R\cos\alpha(t) - e)^2} - \sqrt{L^2 - (R-e)^2} + R\sin\alpha(t) \quad (5\text{-}5)$$

当伺服电动机的角速度恒为 ω 时，将式（5-4）和（5-5）对时间 t 求导，得 B 点沿 X 轴正方向的速度为

$$v_b(t) = \frac{\mathrm{d}x}{\mathrm{d}t} = -\omega(t)R\left\{\frac{[R\cos\alpha(t) - e]\sin\alpha(t)}{\sqrt{L^2 - [R\cos\alpha(t) - e]^2}} - \cos\alpha(t)\right\} \quad (5\text{-}6)$$

B 点沿 X 轴负方向的速度为

$$v_b(t) = \frac{\mathrm{d}x}{\mathrm{d}t} = \omega(t)R\left\{\frac{[R\cos\alpha(t) - e]\sin\alpha(t)}{\sqrt{L^2 - [R\cos\alpha(t) - e]^2}} + \cos\alpha(t)\right\} \quad (5\text{-}7)$$

再将式（5-6）和（5-7）对时间 t 微分，略去次要项，则得到压头运动加速度函数 $a(t)$。

B 点沿 X 轴正方向的加速度为

$$a_b(t) = \frac{\mathrm{d}v_b(t)}{\mathrm{d}t} = -a_O(t)R\left\{\frac{[R\cos\alpha(t) - e]\sin\alpha(t)}{\sqrt{L^2 - [R\cos\alpha(t) - e]^2}} - \cos\alpha(t)\right\}$$
$$- \omega(t)a_O(t)R\left\{\frac{[R\cos2\alpha(t) - e\cos\alpha(t)]}{\sqrt{L^2 - [R\cos\alpha(t) - e]^2}} - \frac{R[R\cos\alpha(t) - e]^2\sin^2\alpha(t)}{\sqrt[3]{L^2 - [R\cos\alpha(t) - e]^2}} + \sin\alpha(t)\right\}$$
$$(5\text{-}8)$$

B 点沿 x 轴负方向的加速度为

$$a_b(t) = \frac{\mathrm{d}v_b(t)}{\mathrm{d}t} = a_O(t)R\left\{\frac{[R\cos\alpha(t) - e]\sin\alpha(t)}{\sqrt{L^2 - [R\cos\alpha(t) - e]^2}} + \cos\alpha(t)\right\} + \omega(t)a_O(t)$$
$$\cdot R\left\{\frac{[R\cos2\alpha(t) - e\cos\alpha(t)]}{\sqrt{L^2 - [R\cos\alpha(t) - e]^2}} - \frac{R[R\cos\alpha(t) - e]^2\sin^2\alpha(t)}{\sqrt[3]{L^2 - [R\cos\alpha(t) - e]^2}} - \sin\alpha(t)\right\}$$
$$(5\text{-}9)$$

图 5-22 是矫直压力传动机构的受力分析图。对各关键质点的受力依次分析如下。

对于连杆压头连接点 B，有

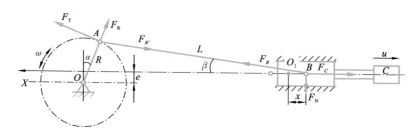

图 5-22　矫直压力传动机构的受力分析图

$$\begin{cases} F_{C} = F_{B}\cos\beta(t) \\ F_{N} = F_{B}\sin\beta(t) \end{cases} \tag{5-10}$$

对于曲柄连杆连接点 A，有

$$\begin{cases} F_{R} = F'_{B}\cos[\alpha(t) - \beta(t)] \\ F_{T} = F'_{B}\sin[\alpha(t) - \beta(t)] \end{cases} \tag{5-11}$$

则矫直驱动端的驱动力为

$$F_{T} = \frac{F_{C}}{\cos\beta(t)}\cos[\alpha(t) - \beta(t)] \tag{5-12}$$

5.2.3　矫直智能加载驱动模型

为保证矫直加载过程高效、平稳、可靠，对矫直压头的运动方式有着较为严格的要求。矫直压头加工过程可分为加载和卸载两大步骤，其分别采用不同的运动规律。图 5-23 所示为矫直压头加载过程速度曲线，其中：t_1 为矫直压头匀速运动的时刻，称为匀速点；t_2 为压头从匀速运动到减速开始的时刻，称为减速点；t_3 为压头与工件相接触的时刻，称为接触点；t_4 为压头矫直加载完成后开始卸载的时刻，称为卸载点。矫直的加载过程分为四个阶段：

（1）加速阶段　当矫直压头未与工件接触时，无矫直负载，其主要是克服摩擦力和系统阻尼做功。为提高加工效率，矫直压头以恒定加速度 a_1 将速度快速提升到 v_1。

（2）匀速阶段　矫直压头以速度 v_1 移动，减小其与工件之间的距离。

（3）减速阶段　当矫直压头将要碰撞到工件但尚未碰撞时，为减小矫直压头对工件的冲击，使其以恒定加速度减速，直到接触工件为止。

（4）加载阶段　压头受到系统阻尼和工件的弹塑性变形力的作用，做变加速运动，加载到预定行程时，压头静止。

· 142 ·

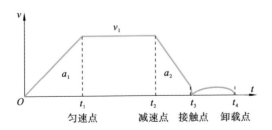

图 5-23　矫直加工加载过程速度曲线

根据实际矫直加工情况和加载曲线,得到加载过程的速度模型为

$$v=\begin{cases} a_1 t & 0<t<t_1 \\ v_1 & t_1 \leqslant t \leqslant t_2 \\ v_1-a_2 t & t_2<t \leqslant t_3 \\ f(t) & t_3<t<t_4 \end{cases} \tag{5-13}$$

矫直加载完成后,必须撤去矫直载荷,让工件发生弹性回复,由于弹性回复遵从胡克定律,回弹载荷和弹复量呈线性关系。当矫直压头的移动速度高于工件弹性回复的速度时,压头将离开工件,加载系统仅克服系统阻尼做功。图 5-24所示为卸载过程矫直压头速度曲线,其中 t_4 为矫直压头开始卸载的时刻,为卸载点;t_5 为矫直压头离开工件的时刻,为分离点;t_6 为矫直压头开始以速度 v_2 匀速运动的时刻,为匀速点,与 t_1 时刻类似,速度方向相反;t_7 为矫直开始减速的时刻,为减速点,且与 t_2 时刻类似;t_8 为矫直压头静止时刻。矫直的卸载过程分为四个阶段:

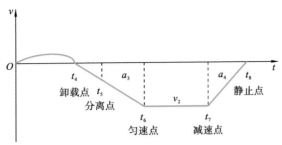

图 5-24　矫直加工卸载过程速度曲线

（1）反向加速阶段　在 t_4 时刻,矫直压头受到工件的反作用力,为使工件发生弹性回复,矫直压头以加速度 a_3 反向加速;当矫直压头的速度高于工

弹性回复的速度时，压头离开工件，此时为t_5时刻，矫直压头反向加速，仅克服摩擦力和系统阻尼做功。为提高弹性回复阶段的加工效率，矫直压头将继续加速到v_2。

（2）反向匀速阶段　矫直压头以速度v_2移动，快速远离工件。

（3）减速阶段　矫直压头以恒定加速度a_4减速，一直到静止状态，待机等待下一次矫直加载过程。

根据矫直加工的实际情况和卸载曲线，卸载过程的速度模型为

$$v=\begin{cases} -g(t) & t_4 < t < t_5 \\ -g(t_5)-a_3 t & t_5 \leqslant t \leqslant t_6 \\ -v_2 & t_6 < t \leqslant t_7 \\ -v_2 + a_4 t & t_7 < t < t_8 \end{cases} \tag{5-14}$$

5.2.4　矫直智能加载系统数学描述

对加载系统进行数学描述，即建立加载系统的数学模型。矫直加载伺服系统数学模型是伺服系统动态分析的基础，其包括系统各组件的数学模型。在实际应用中，首先需要根据加载系统的机构几何关系和受力分析结果，建立起各个组成环节的数学模型，然后分析各个组成环节的动态特性，并讨论在不同工作状态下系统的稳定性。本研究采用的矫直加载系统的伺服运动控制系统主要是由伺服放大器、PID 控制器、伺服电动机、负载、光电旋转量传感器和光栅传感器组成。

根据实际加工情况和加载驱动模型，矫直加工状态可分为工进和快进。在工进状态下系统需克服工件的弹塑性变形做功，而在快进状态下系统阻尼在一定程度上可以忽略不计。因此，可分两种情况对加载系统进行描述：无负载状态和有负载状态。

针对无负载状态，由几何关系可以得到位移控制模型状态方程，即

$$\begin{cases} \dot{x}+l\omega_2\sin\beta(t)=R_1\omega_1\cos\alpha(t) \\ l\omega_2\cos\beta(t)=-R_1\omega_1\sin\alpha(t) \end{cases} \tag{5-15}$$

式中：ω_1、ω_2 分别为杆 AO 和杆 AB 的角速度。将以上位移控制模型状态方程转化为矩阵方程，得

$$\begin{bmatrix} 1 & l\sin\beta(t) \\ 0 & l\cos\beta(t) \end{bmatrix} \begin{bmatrix} \dot{x} \\ \omega_2 \end{bmatrix} = \begin{bmatrix} R_1\omega_1\cos\alpha(t) \\ -R_1\omega_1\sin\alpha(t) \end{bmatrix} \tag{5-16}$$

在有负载状态下，从运动学和动力学的角度，可建立电动机轴的运动平衡方程：

$$J_1 \frac{\mathrm{d}\alpha_A^2(t)}{\mathrm{d}t^2} = T_M - f_t \frac{\mathrm{d}\alpha_A(t)}{\mathrm{d}t} - T_d$$

由式(5-11)可知,矫直加工工件主要负载为矫直反作用力,其可以从载荷-矫直行程模型得到,有

$$F_C = F(x) \tag{5-17}$$

那么负载转矩

$$T_d = \frac{RF(x)}{\cos\beta} \cos(\alpha - \beta) \tag{5-18}$$

将式(5-17)和式(5-18)代入式(5-16),得

$$T_M = J_1 \ddot{\alpha} + f_t \dot{\alpha} + \frac{RF(x)}{\cos\beta} \cos(\alpha - \beta)$$

由于负载的存在,矫直行程与电动机转角此时并不遵循严格的几何关系,但是,驱动曲柄与矫直行程之间由于结构上和相对位置的限制,在忽略机构间隙的情况下,仍然有

$$x = 2R\sin\alpha$$

矫直过程中压头的全程速度为

$$\dot{x} = 2R\dot{\alpha}\cos\alpha$$

加速度为

$$\ddot{x} = -2R\dot{\alpha}^2\sin\alpha + 2R\ddot{\alpha}\cos\alpha$$

由于面向回弹控制的矫直加工采用行程控制的加工方式,行程 x 为已知值,其加载驱动模型已知,故

$$T_M = \frac{J_1}{2R\cos\alpha}\left(\ddot{x} + \frac{\dot{x}^2\sin\alpha}{2R\cos^2\alpha}\right) + \frac{f\dot{x}}{2R\cos\alpha} + \frac{RF(x)}{\cos\beta}\cos(\alpha - \beta) \tag{5-19}$$

由于 $\sin\alpha = \dfrac{x}{2R}$,$\cos\alpha = \dfrac{\sqrt{4R^2 - x^2}}{2R}$,且由图 5-22 可得 $R\cos\alpha = L\sin\beta + e$,则式(5-19)可简化为

$$T_M = \frac{J_1}{\sqrt{4R^2 - x^2}}\left(\ddot{x} + \frac{\dot{x}^2 x}{4R^2 - x^2}\right) + \frac{f\dot{x}}{\sqrt{4R^2 - x^2}} + \frac{xF(x)\sqrt{4R^2 - x^2} - 2e}{2\sqrt{4L - 4R^2 + x^2 - 4e^2}} \tag{5-20}$$

即将电动机的驱动转矩转化为关于矫直行程 x 的函数。带负载的加载过程在时刻 t_3 到时刻 t_4 之间进行,故可以得到矫直行程 x 的速度曲线和加速度曲线。由此可以进一步得到电动机的匹配转矩,可根据 T_M 的值取得当前伺服电动机的额定速度曲线,以此来控制速度。

5.2.5 矫直智能加载的控制过程和运动学仿真

5.2.5.1 控制过程仿真

为了验证矫直加载系统的有效性,在仿真软件包 MATLAB-Simulink 平台上进行矫直加载过程的仿真。所采用的矫直加载机构具体参数如下:

连杆长 $L=350$ mm,曲柄长 $R=70$ mm,偏心距 $e=25$ mm,矫直压头质量 $m=40$ kg,阻尼系数 $f=0.3$,转动惯量 $J_1=5.2$ kg·cm^2。在研究中应用 Simulink 的 PID 调节控制包进行仿真,仿真模型如图 5-25 所示。

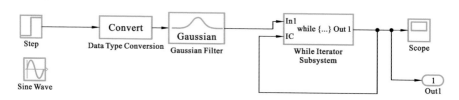

图 5-25 矫直加载系统 Simulink 仿真

矫直加载系统的仿真输入选择阶跃和正弦输入,并对仿真数据进行图形化处理。矫直加载系统对阶跃信号的响应结果如图 5-26 所示,对正弦信号的响应结果如图 5-27 所示。

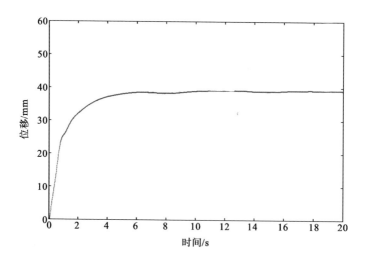

图 5-26 矫直加载系统阶跃响应曲线

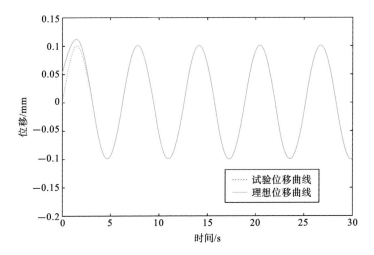

图 5-27 矫直加载系统正弦响应曲线

在无负载的情况下,加载机构主要克服系统阻尼做功。对于阶跃输入信号,压头位移的跟随能力较好;而对于正弦输入信号,在开始时,由于系统惯性的存在,试验位移曲线相对理想位移曲线有些许滞后,到达稳态时,基本与理想位移曲线一致。

试验过程中的具体参数与仿真中的参数一致,控制系统采用 LabVIEW 编制。读取旋转编码器反馈和光栅位移传感器数据,采样周期为 1 ms,结果如图5-28 所示。在实际系统中,存在着阻尼和传动间隙,而后期跟随误差逐步变小,因此在实际加工过程中,需要采取相关措施,比如进行系统零点标定,或者采用无间隙传动组件来提高矫直加载系统的响应能力。

5.2.5.2 运动学仿真

为讨论矫直加载系统的运动学特性,应用动力学分析软件 ADAMS 来分析其加载过程的运动学模型。

ADAMS 是美国 MDI 公司开发的虚拟样机分析软件[132]。运用该软件可以方便地对机械系统进行建模、仿真以及静力学、运动学和动力学分析。其中:ADAMS/View 可以完成几何建模、模型分析以及驱动元件建模;ADAMS/Solver 是 ADAMS 强大的数学分析器,可以自动求解机械系统的运动方程。

根据矫直加载系统的工作原理(见图5-20),对矫直加载系统的具体结构进行细化,使用 ADAMS 软件所建立的运动学模型如图5-29 所示。

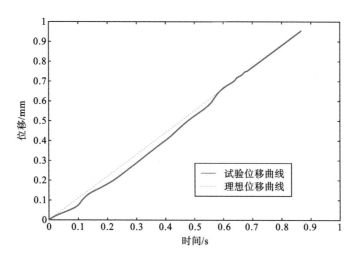

图 5-28 矫直加载试验的位移曲线

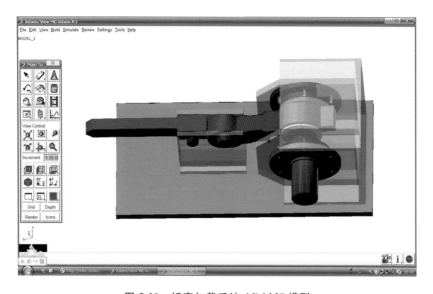

图 5-29 矫直加载系统 ADAMS 模型

在实际加工过程中,主动力为旋转量,通过联轴器加载到减速器的输入端。曲柄连杆机构将旋转量转化为直线位移,推动矫直压头做功,进行矫直加工。根据矫直加工的要求和矫直加载的驱动模型,对压头的速度和位移有着严格的要求,因此在仿真过程中,以矫直压头位移作为输入量,而以动力源的旋转量作为输出量,通过运动学仿真来反求动力源的输入。

仿真过程中压头和驱动部分曲柄的位移、速度和加速度曲线分别如图 5-30、图 5-31、图 5-32 和图 5-33 所示。从仿真的结果来看,矫直加载系统结构

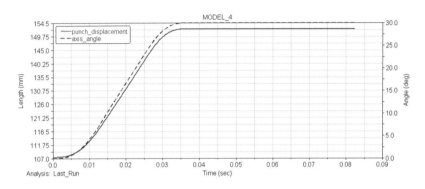

图 5-30　矫直加载系统压头位移曲线和曲柄角位移曲线

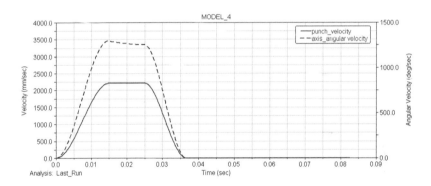

图 5-31　矫直加载系统压头速度曲线和曲柄角速度曲线

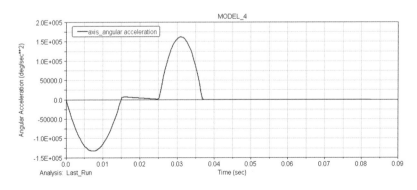

图 5-32　矫直加载系统曲柄角加速度曲线

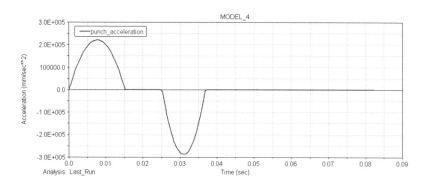

图 5-33　矫直加载系统压头加速度曲线

和矫直加载驱动模型基本上可以满足要求,但是由于压头在速度方面的特殊要求,其加速度曲线存在着急剧变化,因此在实际应用中,要增大系统速度变化的缓冲时间,以提高加载系统的稳定性。

5.3　数控矫直过程的误差检测与智能补偿

5.3.1　数控矫直过程的误差来源与分析

提高数控矫直精度一般采误差防止法或误差补偿法。

误差防止法是通过提高产品的设计精度,或提高制造和装配精度,在源头处减少甚至消除误差的方法。该方法属于"硬技术"范畴,尽管能够降低原始误差,但受到加工母机精度的制约,必须靠提高各个零部件的制造精度和安装精度来满足要求,使经济成本变大,代价往往十分高。

误差补偿法是主动制造出新的误差来抵消原始误差的方法。该方法属于"软技术"范畴,具体做法是通过统计和分析,归纳和掌握原始误差的规律和特点,直接修改机械设备的软件,制造出与原始误差大小相等、方向相反的新误差,最终实现减小甚至消除误差的目的[15]。采用误差补偿法时,结果精度往往有可能高于设备本身的精度;而采用误差防止法时,最终精度受到机械设备各零部件和传感器的精度的限制,不可能更高。显然,误差补偿法较误差防止法而言,不仅更省时省力,而且更为经济实用,如今该技术早已成为现代精密制造业重要的技术支柱之一。

1. 误差分类

要对精密制造设备误差进行补偿,首先需要深入了解和分析该设备的误差及误差产生源,认识各个误差可能产生的环节,并掌握误差的性质,理解并分析各误差之间的关系。数控加工中的误差有多种分类方法。

(1)按照性质可分为静态误差和动态误差两种。静态误差是与设备的结构本身有关的误差,它是随着时间的推移而慢慢改变的。静态误差主要由床身的几何误差、低速运动时运动部件产生的运动误差、床身零部件在加工过程中的载荷偏移产生的误差、温度导致的变形误差等组成,因此对静态误差的补偿主要是补偿工艺系统中的系统误差。动态误差主要是由机床振动产生的误差和机床伺服控制系统的性能带来的误差组成。因此,动态误差基本上是由加工设备的运行工况决定的。对动态误差需要在加工过程中进行实时补偿。动态误差补偿主要依赖于在线检测。

(2)按照原理主要分为几何误差、运动误差、热误差、伺服控制误差和力误差等。几何误差和运动误差是数控加工设备中最主要的两项误差,因此提高机床加工精度的关键在于减少这两项误差。热变形误差主要是加工设备外部环境,或者内部结构的温度造成机械零部件的结构发生热变形而导致的误差。热误差会导致所加工产品的最终尺寸精度大大降低,还有可能因为尺寸超差调整而影响到加工生产率。而且越是精密的机床,其热误差在总误差中所占比重就越大。伺服控制系统的误差产生的原因主要为数伺服控制误差以及算法插补误差等。

(3)按照补偿方式可分为位置误差和非位置误差两类。位置误差是设备中各个零部件之间的相对位置或者本身的位置偏差造成的,例如床身的几何误差、各部件间的装配误差、床身重力导致的误差、刀具的磨损引起的偏差等,此误差可用设备的位置坐标函数表示。非位置误差是与设备中的机床坐标位置无关的误差,例如受温度的高低影响的热误差和受内力、外力影响的力误差等。

2. 误差补偿方法

数控加工设备的误差补偿过程,就是对误差进行建模、检测并最终进行补偿的过程。当今国内外已有多种针对自动化设备的误差补偿方法[197],主要分为以下几种:

(1)单项误差合成补偿法 这种方法通过直接测量加工设备的不同单项误差的原始值,采用误差合成公式计算补偿点的误差分量。

(2)误差间接补偿法 该方法需要精确检测出加工设备不同点处空间矢量误差,采用插值法获得补偿点的误差分量。采用该方法时,对精度的要求越高,所需测量的点数越多。

（3）误差合成补偿法　该方法需采用高精度的测量仪器测出加工设备的不同原始误差。然而采用精密仪器测量对测量环境和操作人员的水平要求高,且一般采用三坐标测量机测量,不适用于需要进行现场测量的场合。

（4）相对误差分解、合成补偿法　采用不同误差检测法只能得到设备的不同相对综合误差,可从中分解出各所需单项误差,然后再利用误差合成法合成所需误差。由于加工设备情况各不相同,进行误差分解的数学模型较难实现通用。

（5）误差的直接补偿法　一般采用标准工件试加工,直接获得空间矢量误差,因少了中间环节而更加接近加工设备的实际情况。然而该方法需要采用不同的标准件获得大量的信息,工作量较大。

（6）软件补偿法　采用软件补偿法来提高设备加工精度,可实现在线误差补偿,其补偿效果动态性能好,具有柔性,并且补偿精度能保持较长时间不变。

3. 误差补偿步骤

在了解了误差的分类和方法后,即可开始设计误差补偿方案。如图 5-34 所示,对于一般的数控加工设备,主要按照以下几个步骤来实现误差补偿。

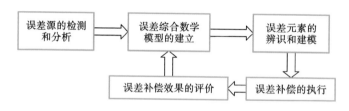

图 5-34　误差补偿的主要步骤

4. 误差源

实施误差补偿之前,要先进行数控矫直设备误差源分析。笔者在研究中所采用的矫直机样机原型主要结构为床身、辊道、传动组件、夹持组件、矫压组件、传感器,其中除了辊道外,其他每一部分都可能产生误差。通过综合分析,总结出矫直设备的误差源主要包括以下几部分。

（1）空间几何误差　包括数控矫直机的制造误差、矫直机负载或重力导致的结构变形误差、传动系统结构误差、伺服系统控制误差、位置检测误差等引起的各种位移误差。其中矫直机的制造误差指的是构成矫直机的不同零部件的位置误差、表面质量以及几何形状误差,矫直几何误差产生的主要原因就是制造误差。

对数控矫直设备的几何误差,可采用现在常用的标准齐次坐标变换方法,结合压头与工件之间连接链的封闭特性,推导出数控矫直设备的空间几何误差数学模型,实现对数控矫直设备的误差补偿。

(2)热误差　数控矫直设备的热变形误差主要是机械内部或者外界环境温度变化,导致机床结构发生热变形而产生的误差。不同于数控加工设备,数控矫直设备在矫直过程中不会产生很大内热,因此热误差对数控矫直设备总体误差的影响较小。

(3)矫直压头的定位误差　该误差由压头与工件直接接触发生的受力变形、长期使用磨损等因素引起。

(4)工件和夹持组件的位置误差　主要是夹持组件在装夹时发生弹性变形、更换被加工的工件以及工件材质不均匀等因素导致的。

(5)测试设备误差　主要是在矫直加工过程中进行实时检测和在位检测时产生的测量误差。测试设备误差可通过增加对各传感器等测试设备的标定频次和提高标定设备的精度来降低。

(6)伺服控制误差以及插补算法误差　数控矫直设备的伺服控制系统误差是由于伺服系统同步误差以及相关算法误差等而形成的。对此类误差的补偿,可通过对伺服系统的调试和标定以及优化插补算法来实现。

(7)外界环境误差　主要是指在不同的温度、湿度等加工环境下的扰动,以及不同的运行工况下的波动等所造成的随机误差。

研究表明,几何误差和热误差占了普通机床中总误差的 70% 左右,是对加精度影响最大的误差。其中相对稳定的为几何误差,它较易于补偿。而热误差不是数控矫直设备主要的误差。温度对数控矫直设备加工精度的影响主要在于其会导致机床各部件的微小变形,这种影响基本上可以忽略。

5.3.2　数控矫直设备误差智能补偿方案设计

误差补偿法是提升机床精度的最重要方法之一。由于误差补偿的实现消耗远小于购置新型设备,且有可能达到比机床本身所能达到精度更高的精度。因此,一般采取误差补偿法来提高矫直精度。

为实现对数控矫直设备最终的误差补偿,在研究中采用了多项误差综合直接补偿的方法。典型精密金属条材一般是标准件,具有有限数量的型号,因此采用误差的直接补偿法是可行的。此外,通过编写误差补偿模块,采用软件补偿的方法,可实现在线误差补偿,并保持精度补偿的稳定性,还可方便再次校正精度后的修改。

可从理论建模、有限元仿真分析、弯曲试验、工件在位挠度检测试验、工件在线应变检测试验共五个方面,通过以下几个步骤实现对数控矫直设备的综合误差补偿(以直线导轨为试验对象):

(1)采用不同的研究方法获得直线导轨的矫直模型,即挠度-矫直行程模型。采用该模型确定矫直行程,可减少重复矫直次数,从而提高单次矫直的精度。

(2)对试验工件进行在位挠度检测试验和在线应变检测试验。将两组同时进行的试验数据进行对比,可得工件在矫直过程中数控矫直设备的测量误差,建立误差修正公式,通过该公式可使数控矫直设备测得的挠度数据更接近真实值。

(3)综合理论挠度-矫直行程模型以及由误差检测获得的修正公式,建立修正后的挠度-矫直行程模型。通过编写矫直误差补偿软件模块,实现对矫直过程的在线综合误差补偿。

5.3.2.1 挠度-矫直行程模型建立的方法

基于笔者所研究的数控矫直工艺,由弹塑性回弹理论可知,工件回弹后的挠度取决于矫直行程。因此,数控矫直设备的矫直精度最终是由压头与工件之间的相对位移所决定的。压头与工件之间的相对位移可以用数学模型计算出,因此,只需找出数控矫直行程与工件挠度之间的数学关系,建立挠度-矫直行程模型,便可指导矫直过程,降低反复矫直甚至不能矫直的可能性。

根据矫直机理,可采用三种方法来建立工件挠度-矫直行程模型:

(1)通过金属弹塑性变形理论,推导出工件的挠度-矫直行程的理论模型。

(2)采用有限单元法,建立与实际工件同样的三维模型,对其进行多次压弯和卸载(可以将其视为矫直的逆向过程),获得工件的仿真矫直行程以及卸载后的残余挠度数据,转换和推导出工件在被矫直时的挠度-矫直行程模型。

(3)在材料试验机上对试验工件进行工件弯曲试验,同样将工件进行反复压弯和卸载,获得矫直行程与残余挠度数据,转换得到该工件矫直的挠度-矫直行程模型。

5.3.2.2 误差补偿试验方案设计

数控矫直设备的加工对象是金属条材,而工件直线度是其一项重要精度指标。而工件矫直过程是使工件不同部位的挠度无限趋近于零的过程。在实际加工中,为了提高数控矫直设备的精度和效率,从而得到更高直线度的金属条材,必须对其进行一系列的矫直误差检测试验,获得矫直误差修正模型。利用误差修正模型对前面建立的理论挠度-矫直行程模型进行修正,直接补偿数控矫直设备的综合误差,从而减少"测量—矫直—再测量"循环的次数,在提高矫直精度的同时提高矫直效率。通过工件矫直过程误差检测试验获得试验数据,进行统计分析,然后对矫直误差进行修正,从而实现数控矫直设备的误差补偿。

对加工精度的检测分为离线检测(即加工后再检测)、在位检测(加工完成后不卸除工件检测)以及在线检测(加工过程中实时检测)。笔者在研究中设计了在位检测和在线检测两种误差检测方法来进行矫直误差的检测。

1)在位挠度检测试验

在位挠度检测时,数控矫直设备本身装有挠度检测的装置,它采用平行四边形结构,其一边与高精度的直线位移传感器的测量头接触,另一边与工件的中点处接触,实现将直线位移传感器测得的工件挠度信号即水平位移变化量转化成竖直方向的位移。位移传感器实时测得的工件挠度数据通过数据采集卡收集并传输到数控矫直设备控制系统中,通过系统中的软件进行处理,可在电控柜显示器上显示此时的工件挠度数据。如图 5-35 所示即为该挠度检测装置的检测方案。

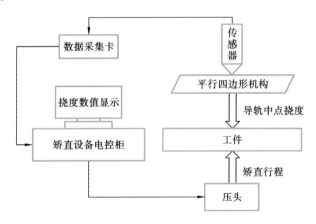

图 5-35　工件在位挠度检测试验方案

2)在线应变检测试验

由于数控矫直设备结构上的误差源较多,挠度检测机构的平行四边形结构本身也会导致误差,因而位移传感器测得的挠度数据必然会引入一个较大的综合误差。若直接测得工件本身变形的数据,将只会引入该测量设备的误差,结果会更精确。因此,为了排除数控矫直设备本身结构以及环境导致的各项误差,更加准确地直接测量出工件的挠度,在这里提出采用无线应变式传感器进行挠度检测的方法，来实现工件矫直过程中的实时在线挠度检测。

在线应变检测的试验方法是通过粘贴在工件上的普通电阻式应变片，测出工件在被弯曲变形时的实时应变。根据材料力学知识，应变与挠度之间存在着相应的数学关系，故只需推出应变与挠度的关系，便能够利用应变传感器测出工件实时挠度变化，实现直接针对试验工件本身变形条件进行的挠度检测。在试验中，通过对不同初始挠度的工件加载，获得其回弹后的挠度，将测得的试验数据与位移传感器测得的挠度数据对比，获得误差补偿公式。试验的检测方案如图 5-36 所示。

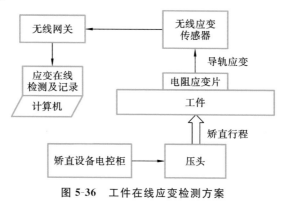

图 5-36　工件在线应变检测方案

通过本试验不仅可以建立针对该数控矫直设备具体工件的挠度-矫直行程模型，达到减少矫直次数、提高矫直设备矫直效率的目的，还可以对矫直设备及其挠度检测传感器的误差进行补偿，提高其精度，最终实现对矫直设备的直接综合误差补偿。

为了保证两部分试验数据的可对比性，必须保证两试验同时检测同一个工件的最大挠度数据，故两试验同时进行，分别检测同样的数据，试验总体方案的实施步骤如图 5-37 所示。

5.3.3　数控矫直过程中的误差检测与智能补偿应用实例

1. 工件变形时应变与挠度的关系

以直线导轨为例，在实时应变检测试验中，应变片粘贴在导轨上，测出的只是导轨的弯曲应变，然而试验需要得到的数据是导轨的挠度。由于要分析的是导轨的弹塑性变形，材料力学弹性变形中的最大挠度与载荷的数学关系并不适用，需先根据导轨变形的曲率来推导出导轨的应变与挠度的关系，以便随后进行数据处理和分析。

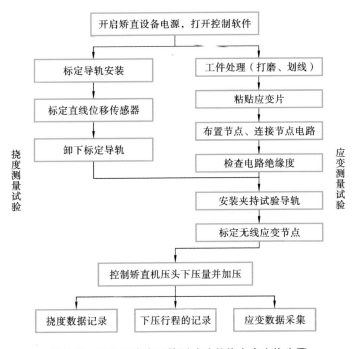

图 5-37　工件矫直变形检测试验总体方案实施步骤

根据材料力学中的弯曲变形的知识,可以首先建立一个直线导轨的理论模型。如图 5-38 所示,将导轨的截面简化为一个长方形。以导轨截面的对称轴为 y 轴,且以向下为正;z 轴为中性轴;x 轴为通过原点的横截面的法线。

弯曲变形前和变形后的导轨段分别如图 5-39 和图 5-40 所示。根据弯曲变形的平面假设,变形前原为平面的梁截面,变形后仍保持为平面,仍然垂直于变形后梁的轴线,则变形前相距为 $\mathrm{d}x$ 的两个截面,在变形后各自绕

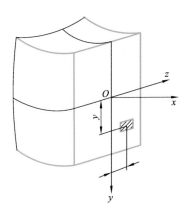

图 5-38　工件截面理论简化模型

中性轴相对旋转一个角度 $\mathrm{d}\theta$,并依然保持为平面。这就使得距离中性层为 y 的纤维 bb 的长度变为

$$\overline{b'b'} = (\rho + y)\mathrm{d}\theta \tag{5-21}$$

式中:ρ 为中性层的曲率半径。设纤维 bb 的原长度为 $\mathrm{d}x$,且 $\overline{bb} = \mathrm{d}x = \overline{OO}$。因为

在变形前后,中性层的内纤维 OO 的长度保持不变,故有

$$\overline{bb} = \mathrm{d}x = \overline{OO} = \overset{\frown}{O'O'} = \rho\mathrm{d}\theta \tag{5-22}$$

根据应变的定义(材料的变形量与原长之比),求得纤维 bb 的应变为

$$\varepsilon = \frac{(\rho + y)\mathrm{d}\theta - \rho\mathrm{d}\theta}{\rho\mathrm{d}\theta} = \frac{y}{\rho} \tag{5-23}$$

由此可见,导轨纵向纤维的应变与它到中性层的距离成正比。

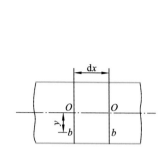

图 5-39 弯曲变形前的导轨段

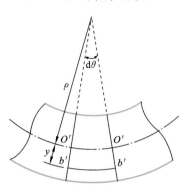

图 5-40 弯曲变形后的导轨段

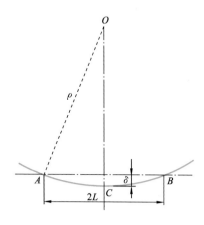

图 5-41 导轨变形的数学模型

由于金属导轨材料分布均匀,变形均匀,跨距较小,可以近似认为在跨距 AB 之间的曲率处处相等。以中性层为研究对象,可建立导轨变形的简化模型,如图 5-41 所示。设导轨的跨距 $\overline{AB} = 2L$,曲率半径为 ρ,此时的导轨挠度为 δ。

由于试验所采用导轨的柔性小,其产生的弯曲变形非常小,故而曲率半径远大于导轨直径和 AB 段。因此在这里可认为 AB 段符合曲率连续性假设,得 $\overline{OA} = \overline{OB} = \overline{OC} = \rho$。因此,由图中的几何关系及勾股定理可知:

$$\rho^2 = \left(\frac{\overline{AB}}{2}\right)^2 + (\rho - \delta)^2 \tag{5-24}$$

由式(5-24)可求得导轨此时的挠度为

$$\delta = \rho - \sqrt{\rho^2 - \left(\frac{\overline{AB}}{2}\right)^2} \tag{5-25}$$

由于 $\overline{AB}=2L$，且由 $\varepsilon=y/\rho$ 可推出 $\rho=y/\varepsilon$，代入式(5-25)中，最终可得挠度与应变的关系为

$$\delta=\frac{y}{\varepsilon}-\sqrt{\left(\frac{y}{\varepsilon}\right)^2-L^2} \tag{5-26}$$

代入导轨的参数 $y=14.7/2\ \text{mm}=7.35\ \text{mm}$，$L=150\ \text{mm}$，获得转换关系式：

$$\delta=\frac{7.35}{\varepsilon}-\sqrt{\frac{54.0225}{\varepsilon^2}-22500}\quad(\text{mm})$$

2. 试验设备

该试验采用与有限元仿真中同型号、同尺寸的直线导轨作为试验对象。试验设备主要包括数控矫直机样机、挠度检测装置、无线应变检测装置和计算机系统。

1）直线位移传感器

矫直机中的挠度检测装置的核心部分是直线位移传感器，如图 5-42 所示。它俗称为电感笔，是一种能将位移变化转化为电信号的精密仪器，其优点是分辨率和灵敏度高、输出信号强、线性度和重复性好等。同时，其也存在频率响应较低且不可快速移动等缺点。由于挠度检测是在位检测，该缺点的影响可以忽略。

图 5-42 直线位移传感器

直线位移传感器安装在矫直机导轨上方，通过一个平行四边形结构与导轨跨距中点接触，即在导轨下压变形量最大处测量，从而得到导轨的最大挠度。在位检测导轨挠度的测量原理如图 5-43 所示。

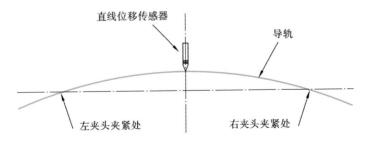

图 5-43 在位检测导轨挠度的测量原理

试验采用的直线位移传感器为中原量仪 DG03＋DGS-6C/D 电感测微仪，其性能参数如表 5-4 所示。

表 5-4　电感测微仪性能参数表

项目	参数
总行程	3 mm
精度	1/1024 mm(0.977 mm)
测量范围	±1 mm
线性误差	≤0.5%

2）无线应变传感器网络

无线传感器网络（wireless sensor network，WSN）由大量部署在监测区域的微型传感器节点组成，这些传感器通过无线通信方式组成一个多跳自组织网络[195]。无线传感器网络由汇聚节点、管理节点和无线网络组成。传感器节点的作用是采集数据、存储数据；汇聚节点用于实现节点控制、数据监测、数据下载等功能；无线网络则用于传输数据。

由于工件在矫直过程中需要移动和传输，若使用普通的有线传感器节点，测点较多时，会给测量带来许多困难，甚至是难以测量。采用无线传感器节点并组成传感网络，便可实现对工件矫直过程中应变变化的实时监测，并可消除长电缆等带来的噪声干扰。本研究中采用的是北京必创公司（BEE-TECH）的无线应变传感器网络系列产品，无线网络由传感器网络节点、网关及其节点控制和数据采集软件组成。无线网络传感器网络节点的内部结构包括传感器模块、数据处理和控制模块、无线通信模块及能量供应模块，如图 5-44 所示。

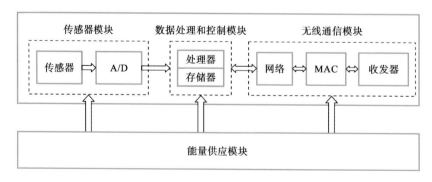

图 5-44　无线网络传感器网络结构

应变的实时检测试验采用的是必创公司型号为 SG402 的无线应变传感器节点,如图 5-45 所示为其外观结构。

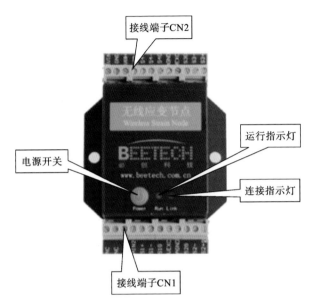

接线端子CN2

运行指示灯

电源开关

连接指示灯

接线端子CN1

图 5-45　无线应变传感器节点 SG402

该节点由电源、信号采集模块、无线信号收发模块组成。在节点的四个通道内均布置着高精度桥路电阻,可以由软件自动切换选择四分之一桥、半桥或全桥测量方式,通过放大调理电路获得应变数据,能与各种类型的桥路传感器兼容。采集的数据既可以临时记录在节点内置的数据存储器中,也可以实时无线传输至计算机,保证数据的同步采集。该节点的性能参数如表 5-5 所示。

表 5-5　WSN 节点性能参数

项目	参数
量程	15000 $\mu\varepsilon$
内置桥路电阻	120～1000 Ω
信号空中传输速率	250 KB/s
有效通信距离	100 m

该无线应变传感器节点 SG402 上下均有多个接线端子,构成了四个通道,因此可以连接四个电桥的电路。接口 CN1 的接线端子的定义如表 5-6 所示。

接口 CN2 中除充电的端子外,其余各接线端子定义与 CN1 类似,在此不一一列出。

传感器节点的作用是采集和传输信号,因此它需与应变片相连接。在同一个传感器节点中有四个通道,每个通道均可连接一个应变片,其连接方式要根据测量方式来定,如图 4-3 至图 4-5 所示。

该节点与应变片之间一般采用以下四种连接方式。

(1)两线制四分之一桥   两线制四分之一桥中,因为引入了线电阻,所以量程会受到影响,建议在线长不超过 2 m 时使用。

(2)三线制四分之一桥   三线制四分之一桥采用了线电阻补偿方式,使模块的测量量程不受影响。

表 5-6   WSN 节点的接线端子定义

接口	序号	标识	功 能 描 述
CN1	1	NC	空
	2	NC	空
	3	A1N1	模拟输入 1(电压范围为 0~3 V,可选 0~5 V)
	4	A1N2	模拟输入 2(电压范围为 0~3 V,可选 0~5 V)
	5	S1+	通道 1 输入+
	6	S1-	通道 1 输入-
	7	S1G	通道 1 四分之一桥三线制输入线电阻补偿
	8	VEXC	电桥激励电压
	9	AGND	模拟地
	10	S2G	通道 2 四分之一桥三线制输入线电阻补偿
	11	S2-	通道 2 输入+
	12	S2+	通道 1 输入-
CN2	...	...	...
	12	VBUS	外部电源输入/充电电源输入

(3)半桥   采用半桥时应变片的粘贴方法比较多,根据测量的需要可以选择不同的贴法。

(4)全桥   采用全桥时应变片的粘贴方法也比较多,根据测量的需要可以选择不同的粘贴方法,传感器为桥路供电。

试验中测量导轨应变采用的是电阻应变片,电阻应变片是将应变变化转换为电阻变化的一种传感元件。它的基本结构包括敏感栅、基底、覆盖层及引出线四个部分。一般的应变片是先在称为基底的塑料薄膜(15～16 μm)上粘贴由薄金属箔材制成的敏感栅(3～6 μm),然后再覆盖上一层薄膜覆盖层而构成的[198]。图 5-46 所示为一种单片全桥应变片的实物图。

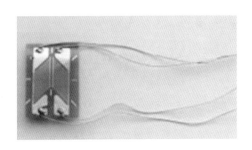

图 5-46　电阻应变片实物图

以金属丝为敏感元件的应变片,是基于金属丝的应变效应来测量试件的应变的。大多数金属的电阻变化率是一个常数,其数值因材料不同而异。可见,金属丝在产生应变效应时,应变与电阻变化率是呈线性关系的。电阻应变效应是应变试验的一个重要前提,正因为电阻应变效应,对应变的测量才能够通过应变片转换为对电阻变化的测量。惠斯通电桥适用于检测电阻的微小变化,因此应变片电阻的微小变化便可使用此电桥电路来测量。本试验中选取的应变片出自于同一厂家同一批次,且其电阻值大小相同。它们的参数如表 5-7 所示。

表 5-7　试验采用的电阻应变片参数

项目	参数
型号	B×120-3AA
电阻值	119.8×(1±3%) Ω
灵敏系数	2.08×(1±1%)
精度等级	A

3. 计算机数据处理与分析系统

硬件设备连接完成之后,需通过上位机软件对测得的数据进行读取和处理。挠度在位检测试验直接使用矫直机工控机读取直线位移传感器测得的挠度数据。应变在线检测试验中使用外置计算机同时记录两组不同的试验数据。

矫直机工控机中已有编制好的直线位移传感器信号采集和处理程序,可直接将获得直线位移传感器信号转换成挠度数据,如图 5-47 所示为直线位移传感器检测挠度信号处理和显示程序。

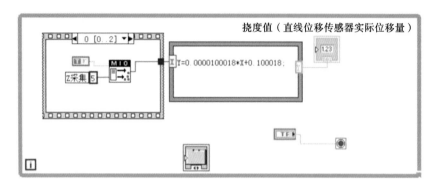

图 5-47　直线位移传感器检测挠度信号处理和显示程序

无线应变传感器的数据采集软件采用的是必创公司的无线应变传感器节点配套的 BeeData 软件。该软件使计算机系统可通过网关对各个通信范围内的传感器进行控制。必创软件单机版通过"主接口""数据源""数据记录"和"数据显示"四个子系统的协同工作,实现对无线应变传感器节点的管理和控制,以及对数据的监控、记录和下载。软件主界面如图 5-48 所示。

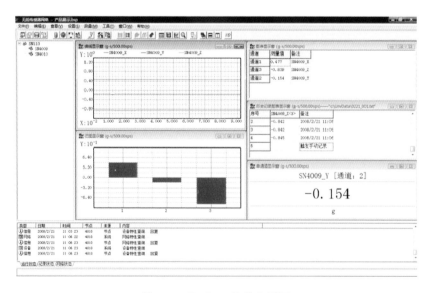

图 5-48　BeeData 软件主界面

4. 试验步骤

直线导轨矫直变形试验主要分为两个部分。第一部分是对导轨的最大挠度的在位检测,采用的传感器为直线位移传感器;第二部分是导轨应变的在线检测,采用的传感器为连接电阻应变片的无线应变传感器。

1) 传感器的布置方案

在导轨上布置应变片时,一般是力图使应变电桥相邻桥臂的电阻变化异号,相对桥臂的电阻变化同号,这样可以使 E 很小而 e 很大。在实际应用中,为了排除应变片温度效应造成的虚假输出,常常采用温度补偿的方法。因此,需要根据实际试验情况选择电桥连接和布置方式。以此为基础,可利用电阻应变片来测量导轨在弯曲过程中的应变值,从而推导出导轨挠度。

整体的布置方式如图 5-49 所示。

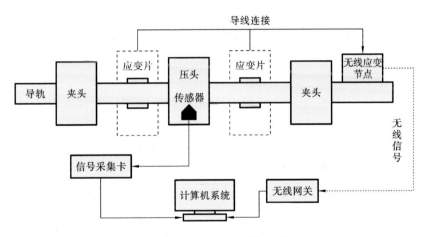

图 5-49　传感器整体布置方式

在开始试验前,测量导轨应变的电阻应变片需要组成桥路并连接无线应变传感器节点。根据式(5-26),选择在导轨受压且产生最大挠度处的左右两端粘贴应变片,并连接成两个独立的电桥。应变片具体粘贴布置方式如图 5-50 所示。其中导轨总长度为 $L_0 = 552$ mm,支承跨距为 $2L = 300$ mm,压头两侧的应变片距离压头中点距离为 $d_0 = 10$ mm。

压头左边和右边应变片对称布置,可以互相作为参照。左右两边的电桥均连接成了全桥电路,与无线应变传感器节点内部电路的激励电压组成完整的测量电路。将电阻应变片连接成惠斯通电桥,并采用全桥连接的方式以减少线电阻以及温度对测量结果的影响,尽量减小试验设备误差,得到更精确的试验数

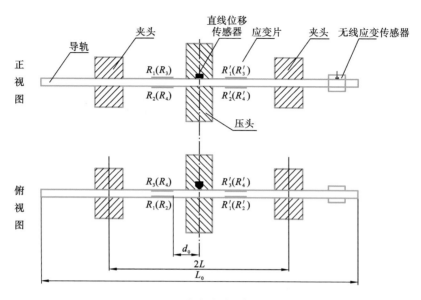

图 5-50　应变片粘贴布置方式

据。电桥电路与无线应变传感器节点内部电路的整体连接原理如图 5-51 所示。

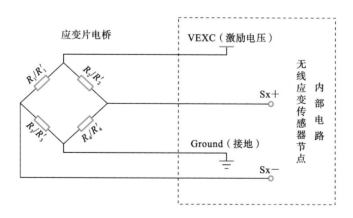

图5-51　电桥电路与无线应变传感器节点内部电路的整体连接原理图

此时的输出电压与输入电压关系为

$$e=\frac{1}{4}\left(\frac{\Delta R_1}{R_1}-\frac{\Delta R_2}{R_2}-\frac{\Delta R_3}{R_3}-\frac{\Delta R_4}{R_4}\right)=\frac{1}{4}KE(\varepsilon_1-\varepsilon_2+\varepsilon_3-\varepsilon_4)\quad(5\text{-}27)$$

在 BeeData 软件中只需设置相关参数,软件会自动将电压变化转换为应变。

2）传感器的安装和标定

步骤一：对直线位移传感器进行标定。在对试验导轨进行在线弯曲试验之前，需通过矫直机工控机中的标定软件，采用标准直线导轨对矫直机上的直线位移传感器进行标定。

步骤二：在导轨左右两臂上各粘贴四个应变片，焊接导线，并通过导线与无线应变传感器节点连接组成全桥电路。在导轨上安装传感器的具体步骤如图 5-52 所示。

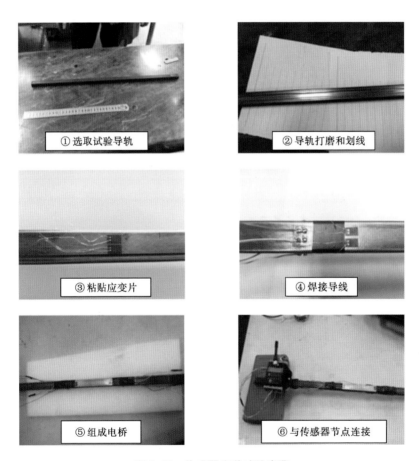

图 5-52　传感器安装试验步骤

步骤三：先将连接好应变传感器的导轨装夹到矫直机中，进行应变传感器的标定。图 5-53 所示为试验时矫直机内部布置实物图，导轨被夹持在夹持组件间，无线应变传感器节点通过导线与应变片连接，同时采用磁铁吸附在夹持

（a）

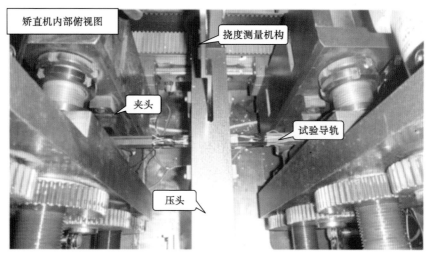

（b）

图 5-53　试验时矫直机内部布置实物图

组件上。

　　步骤四：在安装好导轨之后、开始加载之前，且导轨处于稳定状态时，采用 BeeData 软件对无线应变传感器节点进行一系列设置，包括传感器标定、采集控制设置、采集通道配置、试验记录配置、网络参数设置、应变片参数计算等等。

　　步骤五：对导轨进行一次试矫直，以检查两套传感器是否运行正常。

　　试验的全部准备工作完成后，开始进行在线导轨矫直试验。

5. 导轨矫直在位挠度检测

进行检测试验时，采用位置控制方式控制矫直机的矫直行程，以不同矫直行程对试验导轨进行加载弯曲。在压头加压使导轨弯曲变形前，先用直线位移传感器测量导轨的初始挠度；加压结束，待导轨回弹变形并稳定后，再次用直线位移传感器测量导轨挠度数据；在加压前后和加压时，实时记录无线应变传感器测得的应变数据。

导轨挠度检测时，只需首先在压头加载前测出导轨的初始挠度，然后在每次加载稳定后，测出此时直线位移传感器读出的导轨挠度即可。矫直控制系统挠度数据读取界面如图 5-54 所示。

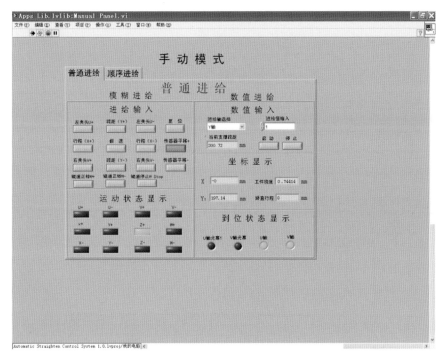

图 5-54 矫直控制系统挠度数据读取界面

由于本试验所用的导轨脆性大、截面积小，为了保证导轨在试验过程中不会发生折断等意外，每次加载时的矫直行程不宜太大，且加载次数不宜过多，因此设计的加载过程为：矫直行程从 0.5 mm 开始依次增加，当导轨的残余挠度接近 1 mm 时即停止加载。将剔除误差较大的数据后所得到的 21 组原始数据记录在表 5-8 中。

表 5-8　直线位移传感器原始数据记录表

加载序号	矫直行程 /mm	传感器读数 /mm	加载序号	矫直行程 /mm	传感器读数 /mm
0	0	−0.26749	11	1.8	−0.088
1	0.5	−0.2221	12	2.0	−0.00895
2	0.6	−0.2185	13	2.1	0.021333
3	0.7	−0.21429	14	2.2	0.059
4	0.8	−0.22518	15	2.4	0.120869
5	0.9	−0.19833	16	2.6	0.191409
6	1.1	−0.19667	17	2.8	0.181053
7	1.2	−0.17025	18	3.0	0.365173
8	1.3	−0.16433	19	3.1	0.465041
9	1.4	−0.13417	20	3.2	0.51643
10	1.6	−0.11446			

6. 导轨矫直在线应变检测

在导轨的应变检测中,实时记录每一次弯曲和回弹过程中应变的实时数据。软件中设置的采样率为每秒 100 次,即每秒记录 100 个数据点。图 5-55 所示为矫直机压头对导轨的一次弯曲加载过程中,BeeData 软件对应变量的实时显示。

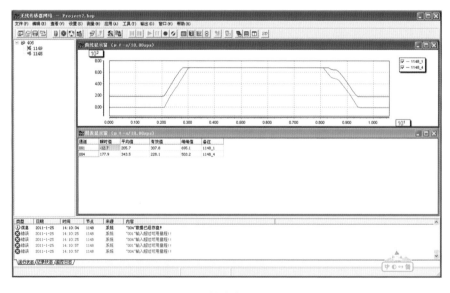

图 5-55　导轨应变量实时显示

如图 5-56 所示,在一次加载过程中,导轨的应变变化过程分为四个阶段:加载前的稳定阶段、加载过程中导轨变形阶段、卸载后的导轨回弹阶段、导轨变形后的稳定阶段。图 5-56 所示是将连续几次压弯过程中的导轨应变监测数据导入 MATLAB 软件中处理获得的图形。

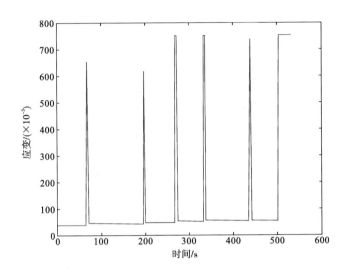

图 5-56　由导轨应变监测数据获得的图形

通过测量每次加载前导轨稳定阶段的挠度以及加载后导轨变形稳定时的挠度,即可获得导轨的挠度数值,即图中波谷位置的读数。从每组数据中提取出加载前和加载后稳定数据的平均值作为所需记录的数据,整理成表格,如表 5-9 所示。

表 5-9　无线应变传感器原始数据记录表

加载序号	矫直行程/mm	传感器读数	加载序号	矫直行程/mm	传感器读数
1	0.5	0.02318	11	1.8	9.16411
2	0.6	0.21137	12	2.0	9.36250
3	0.7	0.66312	13	2.1	7.60417
4	0.8	0.71526	14	2.2	9.27765
5	0.9	2.63507	15	2.4	8.33788
6	1.1	4.95628	16	2.6	8.76956
7	1.2	6.51031	17	2.8	9.37978
8	1.3	8.60071	18	3.0	9.83688
9	1.4	8.46914	19	3.1	9.16419
10	1.6	8.55577	20	3.2	9.36250

7. 试验数据处理

矫直机上的直线位移传感器可直接测得导轨最大变形处的挠度,其读数经矫直机中控制软件处理后,即为所需的挠度数值,因此该组数据处理起来较为方便。在这里,规定矫直机的矫直行程为矫直机下压的单步行程,导轨残余挠度为压头卸载后的残余变形,而需获得的是矫直机单步矫直行程与导轨初始挠度的关系,故可整理出表 5-10 所示的数据处理结果。

表 5-10 两组试验数据处理结果表

加载序号	矫直行程 /mm	直线位移传感器读数 /mm	直线位移传感器测得的残余挠度 /mm	应变传感器读数 /με	应变片测得的残余挠度 /mm
1	0.5	−0.2221	0.0445	0.02318	0.0379
2	0.6	−0.2185	0.049	0.21137	0.0398
3	0.7	−0.2143	0.0532	0.66312	0.0406
⋮	⋮	⋮	⋮	⋮	⋮
11	1.8	−0.088	0.1795	9.16411	0.2146
12	2.0	−0.00895	0.2585	9.36250	0.2569
13	2.1	0.02133	0.2888	7.60417	0.2807
14	2.2	0.059	0.3265	9.27765	0.3338
⋮	⋮	⋮	⋮	⋮	⋮
18	3.0	0.365173	0.6327	9.83688	0.5424
19	3.1	0.465041	0.7325	9.16419	0.6335
20	3.2	0.51643	0.7839	9.36250	0.6972

5.4 本章小结

本章介绍了数控矫直智能装备对工件材料性能参数的智能识别技术,分析了数控矫直智能装备对矫直加载过程的智能控制方法,对数控矫直智能装备的矫直控制系统设计方法进行了相应的阐述,并对数控矫直过程中的误差检测与智能补偿技术进行了介绍。

第6章
数控矫直智能装备的设计及应用

在智能装备发展过程中,通常认为在典型数控机床上增加智能感知装置,就能使之成为一台完善的智能数控机床。目前,智能装备的设计和制造,大部分都借鉴了典型数控机床(结构及组成形式)。应用智能化技术,使数控装备具有感知、分析、推理、决策、自适应控制等功能,其主要方法是在现有的数控机床上进行智能化改造,或者以通用数控机床为基础进行局部改进设计。这些方法在现阶段是很有必要的。但是,随着数控技术和智能化技术的发展,人们对数控矫直智能装备的智能化程度、易用性、人机交互能力,以及机床设计方法和结构提出了更高的要求。本章将从数控矫直智能装备的设计要求着手,初步阐述数控矫直智能装备各个部分的设计原则和设计方法。

6.1 数控矫直智能装备的设计要求

为满足数控矫直加工自动化和智能化的要求,数控矫直智能装备的主体结构需要具备以下特点[16]:

(1)采用开放式数控系统架构。开放式数控系统是指数控系统遵循公开性、可扩展性、兼容性等原则开发,进而使得应用于机床的软硬件具备互换性、可移植性、可扩展性和互操作性。开放式数控系统的基本架构可分为系统平台和应用软件两大部分。系统平台是对机床运动部件实施数字量控制的基础部件,包括硬件平台和软件平台,主要用于运行数控系统的应用软件。硬件平台是实现系统功能的物理实体,主要包括微处理器系统、信息存储介质、电源系统、I/O驱动、显示器、各类功能面板和其他外设。应用软件是以模块化的结构开发的,能够实现专门领域的功能要求。应用软件通过不同的应用编程接口封装后可以运行在不同的系统平台上。

(2)具有大数据采集与分析功能。随着现代数控系统和数控机床开放性的增强,数控装备可支持的基础元器件种类显著增多,同时,针对不同的数据采集需求,越来越多的传感器内嵌到数控装备之中。数控装备的数据采集种类不仅包括装备内部信息,如光栅尺的位置反馈、相关控制指令信息、主轴电流、力矩电流、指令时间、刀具信息等,也包括装备状态智能感知传感器的信息,如核心部件变形、床身振动、机床热误差和加工力反馈等。这些关键数据不但能够支持一般的制造过程管理,而且足以支持基于大数据分析和挖掘的智能制造过程及其优化。

(3)广泛应用智能感知元器件。数控矫直智能装备的加工过程是一种动态、非线性、时变和非确定性的过程,其中伴随着大量复杂的物理现象。为了进一步提高制造装备的加工精度和加工效率,要求数控矫直智能装备具有状态监测、误差补偿与故障诊断等智能化功能,而具备工况感知与识别功能的基础元器件是实现上述功能的先决条件。传感器是数控矫直智能装备中非常重要的元器件,它们能够实时采集加工过程中的位移、加速度、振动、温度、噪声、切削力、转矩等制造数据,并将这些数据传送至控制系统参与计算与控制。

(4)优化制造装备的本体结构。为了优化数控矫直智能装备的机械传动结构,缩短传动链,可采用高性能的无级变速主轴及伺服传动系统;为了适应连续的自动化加工和提高加工生产率,智能装备的机械结构不但应具有较高的静态与动态刚度、阻尼精度,以及较好的耐磨性,而且热变形要小;高效传动部件,如滚珠丝杠副和滚动导轨、消隙齿轮传动副等的广泛应用,可使智能装备传动系统的摩擦减小,能消除传动间隙并获得更高的加工精度;为了提高生产效率、减少辅助时间和劳动强度,智能装备可尽量采用自动上料装置、自动夹紧装置、自动翻转装置及自动标定校正装置等辅助装置。

同时,根据数控矫直智能装备的适用场合和机构特点,对其整体布局和结构形式提出以下要求:

(1)能提高机床静态与动态刚度及抗振性能,有利于感知振动状态并主动消振;

(2)尽量减少机床的热变形,能够进行温度监控并补偿;

(3)能提高机床的寿命和精度保持性,对机床变形能够实时感知;

(4)有利于减少辅助时间和改善操作性能,并充分满足人性化和智能化的要求。

6.1.1 数控矫直智能装备的功能分析

根据数控矫直工艺的具体要求,可将数控矫直智能装备结构分成两种类型,第一种为卧式结构,第二种为立式结构。

图 6-1 所示是数控矫直智能装备卧式布局。采用该设计方案的数控矫直智能装备结构紧凑,可加工对象范围广泛。机体通常采用 T 形布局。工作台由床身支承,刚度高且承载能力强,对重量较大的工件也适用。矫压组件布置于一侧,在矫直过程中,另一侧的单立柱承载。单立柱后布置加强肋,可为支承组件提供足够的支承反力,使其受力后变形极小,有利于提高数控矫直智能装备的加工精度。卧式数控矫直智能装备通常有两个直线运动坐标轴,由矫压组件和进给组件来实现压头沿平面 X、Y 两个坐标轴的移动。

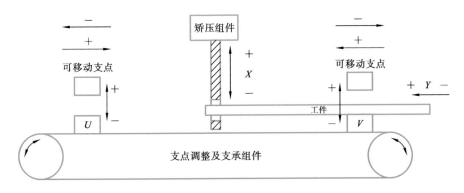

图 6-1 数控矫直智能装备卧式布局

依据数控矫直加工工艺和卧式布局的特点,当工件经过辊道被输送至矫直机中时,传送带调整好跨距,夹持组件夹紧工件,位移传感器测量工件的弯曲挠度,在确定工件的挠度后,压头对工件进行相应的加工。完成一段工件的加工矫直后,夹持组件就装夹并拖动工件向前输送。左右两个夹持组件的结构相同,是靠丝杠螺母副来实现往复运动的,由伺服电动机驱动。压头组件是矫直加工过程中的主要工作单元,矫压组件可采用典型的曲柄滑块机构,伺服电动机驱动曲柄从而带动压头滑块完成进给运动,实现对金属条材的加载。跨距调整组件采用同步带传动,夹持组件布置于跨距导轨之上,通过同步带轮驱动两端夹持组件异向同步运动,从而实现对支承跨距的调整。

图 6-2 所示是数控矫直智能装备立式布局,相对于采用卧式布局的数控矫直智能装备而言,采用立式布局的数控矫直智能装备结构简单,占地面积小,适用于重量较轻、尺寸较长的工件。对于重量较大、尺寸较大的工件,一般需要更大的安装空间,但基本机构形式不变。机身通常采用 C 形或门形框架结构,C形框架结构要在框架内部布置加强肋来增强刚度;门形框架结构主要通过两侧立柱承受上横梁的载荷。立式数控矫直智能装备通常有两个直线运动坐标轴,

由工作台和矫压组件来实现压头沿水平 Y、垂直 Z 两个坐标轴的移动。

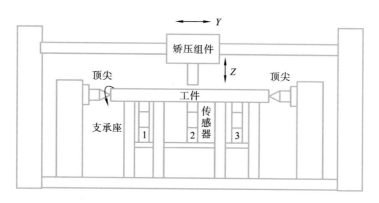

图 6-2　数控矫直智能装备立式布局

按照数控矫直加工工艺以及立式数控矫直智能装备的特点,当工件由传送带输送至矫直机中时,支承组件即调整好跨距,顶尖或胶轮夹紧工件,电动机带动工件旋转,配合位移传感器测量工件的挠度,在确定工件最大挠度位置后,压头对工件进行相应的加工。立式矫直机的主要构件为矫直压头、支承组件、测量组件与翻转组件、矫压组件。翻转组件主要依靠顶尖或胶轮来夹紧工件,并配合测量组件测量工件挠度。根据测量组件的反馈,将工件的最大挠度位置旋转至压头作用点。支承组件主要用于支承工件,可根据工件特征进行位置与数量的调整,形成多种压点与支点的位置组合关系。压头是矫直加工过程中的主要工作单元;矫压组件可采用典型的曲柄滑块机构,采用伺服电动机驱动曲柄从而带动压头滑块完成进给运动,也可选择液压缸或者电动缸配合压块等实现对金属型材的加载。测量组件主要用于检测工件的挠度,拟合工件的直线度,可评判工件是否达到要求的直线度。

6.1.2　数控矫直智能装备的基本组成

由压力矫直的原理可知,压力矫直实际上就是反弯过程,通过压力使工件发生与初始变形方向相反的反向塑性弯曲,从而达到矫直目的。因此,数控矫直设备主要由夹持组件、矫压组件和跨距调整组件等部分组成。

数控矫直智能装备采用的布局形式不同,本体的组成也不同。

卧式数控矫直智能装备的本体主要由横置的矫压组件、跨距调整组件、工件支承组件以及工件进给组件等部分组成。矫压组件由电动机驱动往复运动机构组成,实现工件加载矫直和卸载回弹过程;跨距调整组件由关于数控矫直机构对称布置的传动系统组成,由上位机控制其配合动作来实现跨距的调整和工件的输送;工件支承组件由支座以及附带的支承结构组成,在矫直时对工件进行简支;工件进给组件主要实现工件的自动输送和翻转等功能。

立式数控矫直智能装备的本体主要由立式压力矫直机构、跨距调整机构、工件装夹及支承机构等部分组成。立式压力矫直机构通过电动机驱动曲柄滑块或电动缸、液压缸驱动压块往复运动,实现工件加载矫直和卸载回弹过程;跨距调整机构由关于立式压力矫直机构对称布置的两个夹持组件和同步带轮组成,或以导轨配合多个支承组件组成,由上位机控制其配合动作来实现跨距的调整;工件夹持及支承机构由两夹持组件及附带的支承块组成,或以气缸推动顶尖、胶轮夹紧工件配合支承组件,在矫直时对工件进行简支。

立式数控矫直智能装备和卧式数控矫直智能装备对控制系统的要求基本相同,均采用总线控制模式,以工控机为上位机,连接运动控制卡,驱动伺服系统,配合机床传感器反馈实现多个主要运动轴的闭环控制;其中两个夹持组件轴采用伺服控制器的力矩控制模式,通过模拟量输入驱动电动机正反转,并根据反馈电压值监控电动机运转状态;压头和跨距轴采用伺服控制器的位移控制模式,通过输入位移值控制电动机运动并根据光栅传感器检测运动部件的实时位置。

6.2 数控矫直智能装备的总体结构设计

6.2.1 数控矫直智能装备的总体方案设计

根据数控矫直智能装备的功能需求和基本组成,结合数控矫直加工工艺,对各个组成部件的结构进行细化,兼顾矫直加工过程的自动化,数控矫直智能装备的结构方案可以分为卧式与立式的两种。

图 6-3 所示是卧式数控矫直装备的结构设计示意图,其中压头整体设计成曲柄滑块机构,由电动机驱动曲柄,压头前部设计成"口"形,使工件穿过矫直压头,可消除工件的正向和负向的弯曲挠度。采用传送带或者丝杠传动,U、V 两夹持组件独立运动,调节矫压工件的支承跨距。工件由辊道送入数控智能矫直装备,进行矫直加工。

基于门形框架的立式数控矫直装备的结构如图 6-4 所示。矫压机构组件由液压缸(或者电动缸)、加载压头(Z 向)组成。导向组件可以通过滚珠丝杠螺母

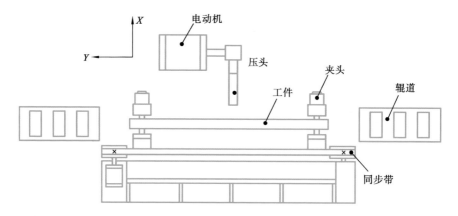

图 6-3 卧式数控矫直智能装备的结构设计示意图

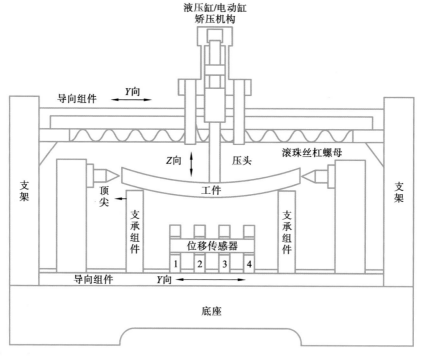

图 6-4 立式数控矫直智能装备的结构设计示意图

副驱动压头沿着工件的轴向方向(Y向)移动。顶尖和支承组件用于装夹工件,工件可以进行周向回转。位移传感器也沿着工件轴向布置,用于测量工件的弯曲挠度。支承组件也可以在底座上沿着 Y 向移动。工件通过手动装夹或者由机器人装夹,置于顶尖之间,输送至数控矫直智能装备进行矫直加工。

6.2.2　数控矫直智能装备的进给组件设计方法

根据数控矫直智能装备的主要加工对象形状和几何特点,以及总体结构设计方案,除了常规的刚度高、惯量小、无间隙和低摩擦等要求之外,进给组件还应该满足以下要求:

(1) 具有夹持、翻转、输送长径比比较大的长条形工件的能力,夹具能够适应各种类型的横截面,并且不会对工件造成损伤;

(2) 具有夹持、输送一定长度长条形工件的能力,夹具应该能够在直线方向改变位置,并且具有一定的移动精度;

(3) 具有一定的抗变形的能力,能够与支承组件共同提供矫直加工过程中的支反力,具有一定的支承刚度。

下面以基于链传动的数控矫直机输送辊道为例,分析进给组件的受力情况。

工件在辊子上的支承情况如图 6-5 所示,作用在单个辊子上的载荷 F 一般按式 $F = G/n$ 计算,式中 G 为工件总质量,n 为有效承载工件的辊子数量,n 一般取 0.7 倍的总辊子数。

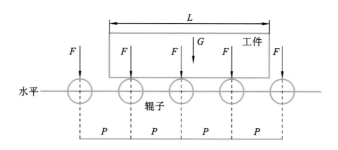

图 6-5　辊子支承示意图

另外,对于卧式数控智能矫直装备,工件的进给还需配合夹持组件与跨距调整驱动组件共同作用。当工件进入矫直机时,夹持组件夹紧工件配合同步带向机体内部进给,进给到一定位置时,另一个夹持组件夹紧工件,原先的夹持组件松开,同步带再继续带动工件向前进给。

对输送辊道并无太高要求,能够保证支承密度,并能够被电动机驱动即可。对于卧式数控智能矫直装备,夹持组件的夹紧量与同步带的运动位置需要精确控制,一般选用伺服电动机。由于同步带要承载夹持组件等,需要搭配导轨滑块使用。导轨滑块主要起导向和承载作用。导轨滑块不仅承受夹持组件的重量,还要承受矫直时压头的下压力,所以应选择承载能力强的导轨滑块。数控矫直智能装备进给状态的检测与实时感知主要体现在对进给组件的运动感知上。一般监控对应电动机的伺服反馈即可。

6.2.3 数控矫直智能装备的支承组件设计方法

根据数控矫直智能装备的主要加工对象形状和几何特点,以及总体结构设计方案,除了常规的结构简单、便于维护的要求之外,支承组件还应该满足以下几个要求:

(1)具有一定的抗变形的能力,能够提供矫直加工过程中的支反力,具有一定的支承刚度;

(2)具有沿水平与竖直方向改变位置的能力,可配合压头组成多种位置关系,并且位置改变具有一定的移动精度;

(3)配有多种适应工件的支承块,支承块能够适应各种类型的横截面,不会对工件造成损伤。

在设计过程中,必须考虑数控矫直智能装备支承组件的受力状态。

在忽略其自身重力的条件下,立式数控矫直智能装备的支承组件主要受到工作台对其的支承力 F_1 与工件对其的作用力 F_2,如图 6-6 所示。工件受到的力主要包括工件的重力与压头对工件的作用力。

卧式数控矫直智能装备的支承组件,主要受到进给组件对其的支承力 F_1、工件对支承组件的反作用力 F_2、夹紧力 F_3、自身重力 G 以及工件对支承组件的摩擦力 F_4,如图 6-7 所示。

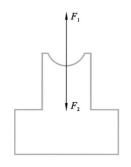

图 6-6 立式数控矫直智能装备
支承组件受力示意图

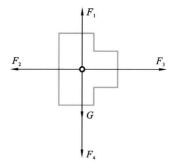

图 6-7 卧式数控矫直智能装备
支承组件受力示意图

根据受力状态,可以进行数控矫直智能装备支承组件的材料选择与选型。支承组件一般选用硬度较高的材料,保证其在矫直过程中能提供足够的支承力,不易变形。另外,为适应不同截面形状的工件,支承组件的支承头应可替换。支承组件若安装在导轨上,其应具有自锁功能,以保证支承组件在确定位置后不会移动。支承状态的检测与实时感知主要体现在支承工件的力感知方面,针对支承组件的关键部件可配置力传感器,根据力传感器的输出判断支承组件上有无工件或者矫直过程是否完成。

6.2.4 数控矫直智能装备的矫压组件设计方法

根据数控矫直智能装备的主要加工对象形状和几何特点,以及总体结构设计方案,除了结构简单、便于维护等常规要求之外,矫压组件还应该满足以下要求:

(1)具有调节矫直行程的能力。矫直行程可调节,不仅可满足多种工艺需要,使数控矫直智能装备的使用范围扩大,还可加快生产节拍,提高矫直效率。

(2)具有调节矫压速度的能力。矫压速度的可调有利于降低矫压过程中的冲击载荷和噪声,减少缺陷的发生,延长压头组件的使用寿命。

(3)可提供足够大的矫直力。矫压组件可提供矫压过程所需的矫直力,工作过程平稳、噪声低。

(4)配有多种适应工件的压头。压头应能够适应各种类型的横截面,而不对工件产生损伤。

在设计过程中,必须考虑数控矫直智能装备矫压组件的受力状态。以采用曲柄滑块机构作为矫压组件为例,机构的受力情况如图 6-8 所示。实际矫直载荷为 F_t,连杆传递的压力为 F。根据受力状态,对以曲柄滑块机构作为矫压组件的矫直设备进行选型,此时需要充分考虑电动机减速器效率及矫直行程等因

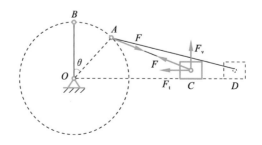

图 6-8 曲柄滑块机构向右矫直受力分析图

素,选择输出转矩合适的伺服电动机。曲柄、连杆等一般选用 45 钢即可。

6.3 数控矫直智能装备的控制系统设计方法

6.3.1 数控矫直智能装备控制系统的设计要求

以卧式数控矫直智能装备控制系统为例。卧式数控矫直智能装备的控制系统主要是伺服控制系统。伺服控制系统实时控制机械执行装置的位置、速度,控制目标是使机械执行装置按照预定的运动轨迹运行。

1. 对矫直压头驱动电动机与跨距调整驱动电动机伺服控制系统的设计要求

对矫直压头驱动电动机与跨距调整驱动电动机伺服控制系统的设计要求如下。

1)定位精度

数控矫直智能装备实际位移与指令位移应非常接近,能够补偿加工过程中各种因素对加工精度造成的影响。数控矫直智能装备的工件矫直精度设计要求为误差不高于 ±0.005 mm,则伺服系统的定位精度要在 ±0.01 mm 以内。

2)动态响应

伺服系统动态响应的速度体现了系统的跟踪精度,关系到工件加工表面的精度。数控矫直智能装备的矫直压头驱动电动机与跨距调整驱动电动机要求伺服系统灵敏度高,响应速度快,响应时间不大于 150 ms。

3)速度与转矩

数控矫直智能装备的矫压加载机构运行速度相对较低,要求伺服控制系统提供大转矩,矫直压头电动机制动或者换向需要输出转矩不低于 $10\sim200$ N·m。跨距调整电动机采用点位运动控制,要求加速性能好,减速后无振荡,加减速曲线可调。

4)稳定性

系统加工精度比较高,需要将负载扰动误差控制在一定范围内。

2. 对夹持组件驱动电动机伺服系统的设计要求

对夹持组件驱动电动机伺服控制系统的设计要求如下。

1)调速范围

最高进给速度与最低进给速度的比值称为调速范围。在调速范围内,要求运行速度平稳,并且低速时没有爬行。数控矫直智能装备夹持组件驱动电动机要求实现快速夹紧,相当于要实现点位运动控制,进给过程分为快速进给阶段与工进阶段,需要电动机有比较宽的调速范围。

2)动态响应

为提高数控矫直智能装备生产效率,要求动态响应迅速,夹持组件驱动电动机伺服控制系统的响应时间不大于 150 ms。

3)速度与转矩

在数控矫直智能装备压头施压过程中,夹持组件驱动电动机需要对工件产生持续的夹持力,一方面利用双丝杠的自锁能力,另一方面需要夹持组件驱动电动机堵转提供足够的转矩。为提高数控矫直智能装备加工效率,缩短系统待机时间,夹持组件应该实现快速夹紧。运动过程分为快进阶段和工进阶段两个阶段,夹持组件松开运动过程可以快速进给。

4)稳定性

系统能够承受伺服电动机一定范围的堵转,并且具有较小的负载扰动误差。

6.3.2 数控矫直智能装备控制系统的功能分析

根据矫直工艺,确定数控矫直智能装备控制系统的功能要求。

(1)控制系统应该具有手动操作、参数设置、运行状态监控、工件矫直程序编写和故障报警等功能。

(2)在数控矫直过程中,可暂停矫直并修改、保存工艺参数,暂停恢复后继续进行自动矫直。

(3)控制系统应具有故障诊断功能,若发生故障,可辅助工作人员排查故障,故障排除后恢复正常工作。

(4)控制系统具有状态监控的功能,应能实时显示矫直过程中的各项参数如矫直行程、支承跨距、各测量位置的弯曲变形量等。

(5)控制系统应具有一定的柔性,通过修改设置参数可以完成不同工件的矫直。

(6)控制系统应具有保护功能,当需要切断执行机构电源时,可按下急停按钮,此时计算机的电源仍未被切断,这样通过界面可以了解故障原因,进而排除故障。

数控矫直智能装备控制系统的结构根据其基本功能,在一定的控制结构下依照系统软件、硬件的功能来确定。基于方便操作、适合进行功能扩展、易维护等开放性结构设计原则,同时考虑到数控矫直智能装备工作的特殊要求,笔者搭建了基于两级分布式的集散控制系统体系结构,如图6-9所示。

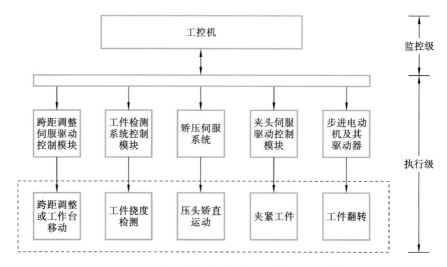

图6-9 数控矫直智能装备控制系统组成框图

数控矫直智能装备控制系统是一个两级控制系统,采用主从方式。第一级为执行级,主要用于实现跨距调整以及压头运动控制等工作任务,并向上一级监控级反馈信息。第二级为监控级,主要负责伺服电动机与步进电动机驱动系统以及人机交互界面等方面的工作,并向执行级发送控制命令;这一级是由工业控制计算机统一协调完成的。

6.3.3 数控矫直智能装备控制系统的硬件构成与特点

1. 数控矫直智能装备控制系统的硬件组成

数控矫直智能装备控制系统硬件主要包含七个部分:机床本体、控制系统上位机、数控系统或者运动控制器、总线接口电路、伺服控制单元、控制面板和测量检测单元。系统硬件组成框图如图6-10所示。

机床本体结构是根据矫直工艺设计而成的。矫直加工主动力系统即矫直压头变形组件,其采用大功率伺服电动机以及高减速比的减速器来满足矫直过程中对矫直压力的需求。夹持组件对称布置于同步输送组件之上,位于矫直压头两侧,用于实现跨距调整,同样也采用伺服电动机驱动,并配以位移传感器来保证其移动的精确性。夹持组件用力矩控制式伺服电动机驱动,以保证夹持和输送工件过程的可靠性。辅助输送组件安装于设备外部,以适应不同长度工件

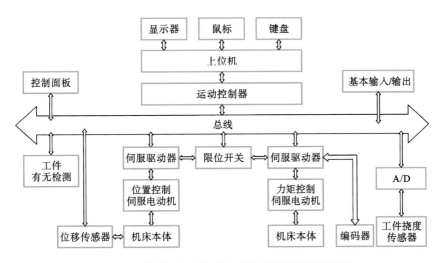

图 6-10　数控矫直智能装备控制系统硬件组成框图

的输送和支承要求。其用步进电动机驱动,保证启停可靠。

上位机主要与数控系统连接,用于完成人机交流、输入和输出设备的管理、运动轨迹计算、信号监测等任务,属于上层控制。与运动控制器配合组成的控制系统可以最大限度地发挥计算机的优势。上位机机箱机械强度高,抗干扰能力强,便于工业使用与维护,实时多任务操作系统可以满足工业现场的复杂控制需求。

总线接口电路的主要任务是与各外部设备进行数据通信,采集外部信号并传递数控系统对外部环境的响应信号。总线接口电路包括输入/输出接口以及转化接口。

伺服控制单元是数控系统的核心控制单元,用于实现上位机软件系统所预定的运动控制,完成预定加工操作或者机械动作。本系统中有两种伺服控制方式,矫压组件和支承跨距调整组件上的动力系统采用的是位置控制模式,而夹持输送组件上的夹持动力伺服电动机采用的是力矩控制模式,以保证夹持输送过程的安全可靠。伺服控制单元主要由运动控制器、伺服驱动器与伺服电动机组成。

运动控制器与上位机相互配合,构成伺服系统的控制核心,因此也称为下位机。运动控制器作为下位机,根据上位机的指令输出运动控制信号,并监测相关反馈信号。随着现代工业对伺服控制系统的控制要求愈来愈高,传统的精度比较低的控制系统逐渐发展成由多轴运动控制卡组成的高精度的运动控制系统。目前广泛应用的主控芯片为数字信号处理器(DSP)的运动控制器运算速度快,能够进行复杂的运动控制,实现预定运动轨迹,用于运动过程复杂的工业自动化设备。芯片深度运算处理能力强,但不适合频繁中断,符合运动控制器的使用特点,即控制算法比较复杂,中断源不多。运动控制器一般有两种输出模式:脉冲输出模式和模拟量输出模式。采用前一种模式时硬件电路连接简单,但是输出会滞后;采用后一种模式时硬件电路连接复杂,但响应迅速。

伺服驱动器定位精确、快速,其中全数字伺服驱动器支持脉冲输入与模拟量输入两种输入模式,可分别控制步进电动机和伺服电动机,应用日益广泛。伺服驱动器内部多采用 DSP 控制,可以减少机械共振情况的发生,补偿机械设备的刚性要求,达到迅速定位的目的。

伺服电动机一般选用交流伺服电动机,此类电动机可以克服直流伺服电动机机械换向装置导致的各种缺陷,提高伺服控制系统的精确性、稳定性和鲁棒性,适用于多种工业场合,抗环境干扰性能好。常用的供电电压有单相与三相两种,主流产品额定功率在 $30 \sim 4000$ W 之间。

控制面板是人机交互界面,用来接收操作者发送的指令,并对数控系统的指令进行实时显示。

测量系统根据功能需求采集外部的相关信号(包括数字量信号和模拟量信号),再经过分析之后,传递给数控系统。一般测量系统都与总线接口电路相连。

2. 数控矫直智能装备控制系统硬件选型原则

首先,在设计和选型过程中,重点考虑的是控制系统的开放性,从硬件层面来说,需要获取数控系统内部的底层信号,将其传输给上位机,以便在加工过程中根据底层信号实时地做出控制决策;同时,在有需要时,可以随时增加或者减少整个系统的硬件设备,或者用新的硬件设备替换掉原有系统中的相应硬件。

其次,精度要求也是硬件系统选型的考虑因素,选用高性能的伺服电动机和伺服驱动器,特别是选用高精度、高性能位置反馈部件,将对整个系统的精度产生直接影响。

根据数控矫直工艺的基本要求,对控制系统的硬件部分进行选型,以满足矫直过程控制、数据采集以及矫直行程预测的要求。

1)伺服系统

选择开放式的数控系统,其具有多个运动坐标轴的控制能力,并能够应用多种编程语言进行底层开发;尽量选择可通过以太网或者高带宽的工业总线形式直接访问的型号,为数控设备网络应用提供硬件支持。

2）伺服电动机与伺服驱动单元的选型

选择精度较高的伺服单元,其运动精度、响应速度和运动能力均满足本系统的要求。位置控制电动机与力矩控制电动机采用不同的系列,主要是为了监控力矩控制模式下电动机的工作状态,提高其实时控制精度。

3）反馈部件的选型

笔者所研发的数控矫直智能装备控制系统以直线位移传感器作为位置信息反馈的测量装置。根据两种控制模式下运动坐标轴对位置精度的不同要求,一般选择重复定位精度为 $1\sim10$ μm 的直线位移传感器,既可确保系统反馈和控制精度,又能节约成本。

4）输入/输出控制

开放式运动控制器具有多个数字式的输入/输出接口。根据实际需要结合运动控制器的输入/输出接口的特点,增加 A/D 扩展模块,实现模拟量信号的采集和处理功能。

6.3.4 数控矫直智能装备控制系统的软件系统设计

1. 数控矫直智能装备控制系统的软件系统组成

根据实际加工的需要,数控矫直智能装备控制系统软件有六个主要功能:矫直行程预测、矫直数据管理、运动和过程控制、测量与检测、保护报警和底层通信。

1）矫直行程预测

矫直行程预测主要包括矫直行程的计算和材料参数识别两个部分。将测量系统采集的工件挠度信息与现有的矫直数据信息相结合,对矫直行程进行预测。对于已加工过的或者截面形状较为常见的工件,可直接通过查询数据获得矫直行程;对于未加工过或者截面形状较为复杂的工件,可连接软件进行理论计算,再结合实际情况进行矫直行程的预测。材料参数识别主要利用混合编程技术,利用测量系统采集矫直过程中的材料弯曲变形量和矫直行程等相关数据,进行在线识别。

2）矫直数据管理

矫直数据管理主要包括管理矫直基本工艺参数、矫直行程数据、矫直过程反馈数据和用户权限数据等。矫直基本工艺参数包括材料属性、截面形状、热处理形式、当前支承跨距和加工重合度等等。矫直行程数据主要是所有已经加工过的工件的矫直行程-挠度映射数据,当加工相同工件时,可以在其中查询到相关的工艺参数和矫直行程的相关数据,使矫直行程预测能快速进行。矫直过程反馈数据是系统在矫直加工中的过程控制数据和部分相关数据,如当前的工步、机床的工作状态、各电动机的运转情况、传感器所采集的数据等,均保存在矫直过程反馈数据库中。用户权限数据主要用于管理控制系统软件的用户的相关权限,方便用户操作,并保证相关数据的安全。

3）运动和过程控制

运动控制主要是控制矫直设备的主要动力来源——伺服电动机的运动,保证其运动平稳和可靠,以保障矫直加工能够顺利进行。过程控制主要是实现面向回弹控制的矫直加工的工艺流程,使矫直设备各部件按照预定的工序动作。

自动控制功能指实现矫直加工过程的全自动化,即在设定好工件和矫直工艺的相关参数之后,从上料到加工完毕,无须人工干预,可自动完成。

手动控制功能主要用于系统调试或者特殊用途,比如在矫直试验中进行人工操作,实现单步或者连续单步的矫直加工工序动作。

4）测量与检测

矫直过程中需要采集多种信号和数据。首先必须测量工件的挠度,可采用接触式或者非接触式的直线位移传感器来获取工件的直线状态。工件有无检测是矫直设备工艺流程开始的触发信号,以此为标识开始矫直自动化工艺流程。运动部件的位移测量指位置控制模式下伺服电动机所驱动部件的位移信息,以形成闭环控制。

5）保护报警

保护报警功能主要是指系统的限位保护和系统的冗余保护。限位保护通过限位开关和原点开关实现。冗余保护通过冗余保护程序实现。冗余保护程序主要满足系统的冗余和容错控制要求,对矫直加工过程的工艺流程进行自诊断,若是不符合既定运行规律,则会报错以保护机床本体。

6）底层通信

底层通信功能主要用于解决上位机和底层运动控制器之间、运动控制器与信号采集设备之间、运动控制器与伺服电动机之间的数据交换问题,包括输入和输出两部分。

2. 数控矫直智能装备控制软件系统的人机界面设计

开发人机交互技术是为了方便用户与计算机的对话,因此人机交互界面设计应遵循以用户为中心原则、顺序原则、功能原则、一致性原则以及频率原则等基本原则。控制面板是典型的人机交互界面,操作者通过其直接与数控设备进行信息交换。矫直机样机的控制面板由显示区和主控区组成。主控区包含所有针对矫直机样机控制系统设计的输入按钮、电源启动及停止按钮、循环开始和进给保持按钮、各运动轴的运行模式的调整和手动进给输入按钮。显示区分为两个部分：一是上位机显示器，用于上位机的操作状态显示、矫直控制软件界面以及相关调试信息的显示；二是机床状态显示区，用指示灯的形式将机床的运行状态直接显示出来，如图 6-11 所示。

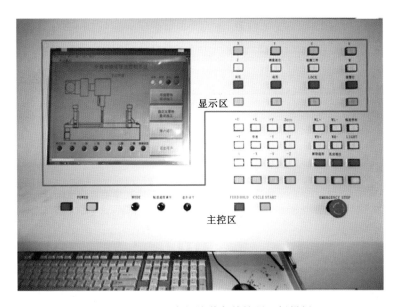

图 6-11　数控矫直智能装备的控制面板样例

　　数控矫直智能装备控制系统软件是面向实际生产加工而设计的，因此，其软件系统的人机交互界面应该做到简单易用，设计主界面如图 6-12 所示。

　　根据功能需求，主界面分为两个区：控制区和机床状态显示区。

　　控制区主要提供常规零件自动加工、自定义零件自动加工的停止和程序退出等的控制功能。实际上，关键功能只有"加工方式选择"功能，即在矫直设备完成加工调试后，准备加工时，只需要考虑工件属性，使软件简洁和易用。

　　机床状态显示区用于电源开关状态、机床加工状态、各运动坐标轴的安全保护限位状态、运动状态以及机床内部灯光状态等的显示，主要反馈机床的实时状态，为用户提供机床状态检测结果。自动加工模式下的界面分为五个区：工作状态显示区、坐标轴显示区、机床状态显示区、工件挠度状态显示区和控制区，如图 6-13 所示。

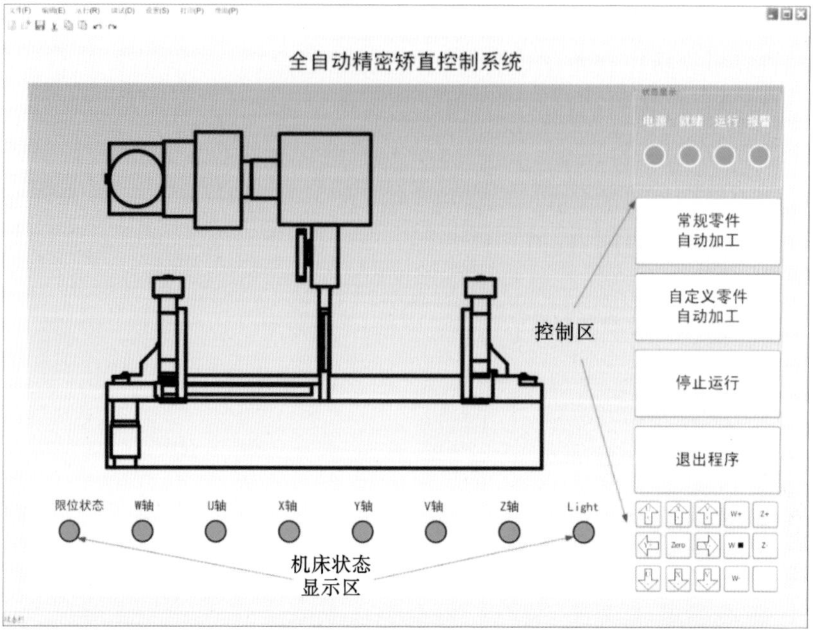

图 6-12 数控矫直智能装备控制系统软件主界面

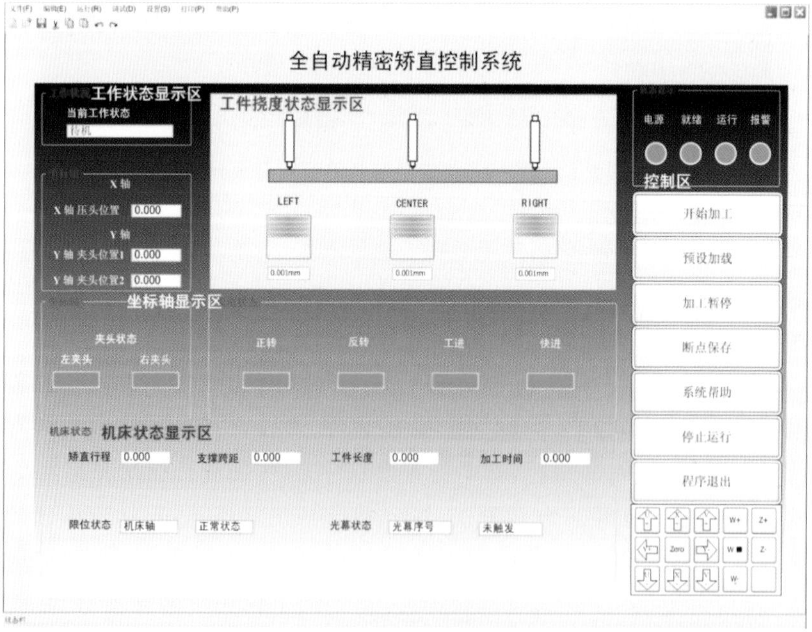

图 6-13 自动加工模式下的主界面

　　工作状态显示区主要用于监控加工过程中当前工序的运行状态,如待机、左夹持组件夹持动作、支承跨距正向调整等状态,便于用户了解当前的工序和工步的进度情况。

　　坐标轴显示区主要反馈各运动坐标轴的状态,如对于位置控制轴反馈的是坐标值,而对于力矩控制轴反馈的是夹持状态等。

　　机床状态显示区显示机床除坐标轴状态信息外的其他功能状态信息。工件挠度状态显示区显示用户当前工件在三点支承时的挠度状态。

　　控制区的主要功能与主界面的控制区功能类似,只是功能要略多。

　　除了机床工作的主界面、加工状态主界面外,数控矫直智能控制系统软件中还有其他功能界面,如光栅位移传感器的标定值和设置界面、用户登录管理界面等。

6.4　金属条材数控智能矫直机应用案例

6.4.1　金属条材数控智能矫直机的功能分析

1. 卧式金属条材数控智能矫直机的功能

　　根据卧式机床的特点和金属条材的加工工艺特点,卧式金属条材数控智能矫直机应该有以下功能:

　　(1)自动输送加工工件。将金属条材放置或输送到指定的位置后,矫直机可以自动将金属条材输送进设备内部进行测量加工作业,矫直工序完成后,金属条材被自动输送出矫直设备,配合辊道进行流水线生产。

　　(2)跨距位置可调节。金属条材被输送进卧式数控智能矫直机后进行测量,确定工件直线度误差,进而确定夹持组件位置、矫压位置及矫直行程,跨距可以根据对应的矫直参数调节,保证矫压操作的正常进行。

　　(3)提供足够的矫压压力。可以使用更大体积、更大转矩的电动机设备是卧式数控矫直设备相较于立式数控矫直设备的一大优势。矫直工序靠压力使金属条材发生变形,通过转矩满足要求的电动机配合相应的传动机构才能实现矫压加工。

　　(4)在线感知功能。感知功能是卧式数控智能矫直机不可或缺的,从金属条材输送进卧式数控智能矫直机后直线度的检测、支承跨距改变的反馈和补偿、矫压时金属条材状态的实时检测,到矫压完成后工件的直线度的再检测,都需要通过感知功能来实现。感知系统是卧式数控智能矫直机的重要组成部分。

2. 立式数控智能矫直设备的功能

根据立式机床的特点和金属条材的加工工艺特点,立式数控智能矫直设备应具有以下功能:

(1) 自动上下料功能,并可在工件堆满时进行自动提醒;

(2) 工位有无工件自动识别功能,当工件进入工位时,夹紧装置自动进行定位夹紧;

(3) 自动检测工件直线度、圆度等功能,并可在人机交互界面中进行显示;

(4) 具有手动与自动两种矫直功能,并且能调整、设定矫直工艺参数(矫直行程、矫直载荷等);

(5) 调整支承组件与检测组件位置的功能,可根据工件的具体情况,进行合适的支点和测点布置;

(6) 完整可行的控制功能,能够满足自动化流水线生产的需要;

(7) 系统故障诊断、错误操作识别功能,安全保护功能。

6.4.2 金属条材数控智能矫直机的组成

1. 卧式金属条材数控智能矫直机的组成

卧式金属条材数控智能矫直机主要由动力模块、传动模块、机床本体模块和控制模块四个模块组成。由于动力模块和传动模块是依托于机床本体搭建而成的,下面主要介绍机床本体模块和控制模块。

1) 机床本体模块

卧式金属条材数控智能矫直机主要由底座、矫压机构、跨距调整机构,夹持组件夹紧机构、传感器感知模块等部件组成。

(1) 底座 卧式金属条材数控智能矫直机的底座和其他数控设备的底座类似,主要是用于调整高度和起支承作用,同时提供一个基准面,将各种设备放置在基准面上,保证精度。卧式金属条材数控智能矫直设备在加工中并不会产生很大的热量和振动,一般对底座没有特殊要求。

(2) 矫压机构 压力矫直是多种矫直加工工艺中较为简单的一种工艺形式,压力矫直机中使用最多的仍然是曲轴式。曲轴式压力矫直机进一步发展,就得到曲柄偏心式压力矫直机,要得到不同的行程,可以改变曲柄轴外的偏心套的相位角,从而改变偏心距,以满足不同截面特征工件的矫直需求,如图 6-14 所示。

(3) 跨距调整机构 不同的工件,其弯曲形式和弯曲程度都不同,因此矫压时要根据工件的实际情况和匹配的工艺参数调整两夹持组件之间的跨距,因此

192

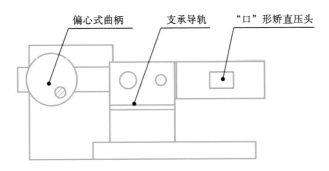

偏心式曲柄　　支承导轨　　"口"形矫直压头

图 6-14　曲柄偏心式压力矫直机示意图

两夹持组件应能够沿导轨直线移动。

（4）夹持组件夹紧机构　夹持组件的功能是在矫压过程中将金属条材的两端夹紧，以保证矫压加工时金属条材不会因为受力变形发生位置移动，满足三点反弯压力矫直加工的要求，同时需要用丝杠将电动机回转运动转化为夹紧机构的直线运动。一方面，由于反弯矫直载荷由夹持组件提供，而且对夹紧力有一定要求，所选电动机的转矩和尺寸不能太小。另一方面，考虑到夹紧力的均衡要求，两根丝杠应同步转动，电动机不能布置在距离工件很近的地方。综合考虑传动精度和可靠性，选择齿轮组传动来实现设计要求。夹持组件的主动齿轮直接与电动机和联轴器连接，电动机驱动主动齿轮，带动后续的过渡齿轮，其中丝杠螺母齿轮 1 和丝杠螺母齿轮 2 一样，且后端都接丝杠，两者靠中间齿轮连接，如图 6-15 所示。

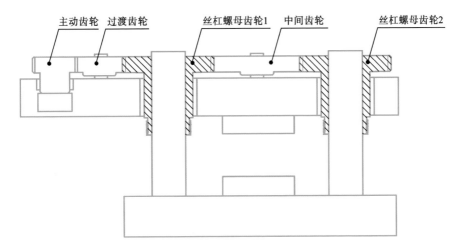

主动齿轮　过渡齿轮　　　丝杠螺母齿轮1　中间齿轮　　　　丝杠螺母齿轮2

图 6-15　夹持组件传动齿轮组示意图

（5）感知系统辅助传动部件　由于数控矫直智能装备内部实际加工空间很小，又需要布置很多感知设备，将温度和振动感知传感器直接布置在机床的硬件设备上。而直线度检测感知传感器与工件直接接触会产生很多不可预测的情况，故而需要用杠杆或者平行四边形机构进行传动，避免传感器和工件直接接触的情况，间接测量获得数据。

2. 控制模块

笔者在研究中设计矫直控制系统的主要目的是实现矫直机的自动化控制，以验证数控矫直工艺，提高工件的矫直加工精度，同时便于展开相关的试验研究。因此，对控制系统的硬件有着特殊的要求。

首先，在设计和选型过程中，应重点考虑的是控制系统的开放性。

从硬件层面来说，需要获取数控系统内部的底层信号，将其传输给上位机，以便在加工过程中根据底层信号实时地做出控制决策；同时，在有需要时，可以随时增加或者减少整个系统的硬件设备，或者用新的硬件设备替换掉原有系统中的相应硬件。

而从软件层面来说，也同样需要系统具有足够的开放性，从而不但能够通过软件编程对控制系统进行二次开发，而且控制系统核心部分也能由设计者通过编程来实现，这样，可以通过编程，使控制系统运行在不同控制算法下，可通过一系列试验来比较算法之间的优劣。

其次，精度要求也是硬件系统选型的考虑因素，选用高性能的伺服电动机和伺服驱动器，特别是选用高精度高性能位置反馈部件，将对整个系统的精度产生直接影响。

根据数控矫直工艺与智能装备要求，对控制系统的硬件部分进行选型，以满足矫直过程控制、数据采集以及行程预测的要求。笔者所研发的卧式金属条材数控智能矫直机样机如图6-16所示。

3. 立式金属条材数控智能矫直机的组成

立式金属条材数控智能矫直机由主机机身、矫压组件、矫直工作台、检测组件、夹持组件、支承组件、故障监测系统和上下料系统等组成。

（1）主机机身　主机机身采用C形框架式或者门形框架式结构。C形半开式焊接框架机身具有结构简单、加工制造容易、加工成本低等特点。为提高主机刚度，一般选择在框架内部设置加强肋。门形框架机身采用刚度计算方法进行设计，以保证其整体强度达到要求。

（2）矫压组件　矫压组件由动力源与压头组件构成。驱动方式有伺服电动

电气控制柜
矫直机主体
导轨输送辊道
导轨输送辊道

图 6-16　卧式金属条材数控智能矫直机样机

机驱动、电动缸驱动、液压缸驱动等。对于 C 形框架机身,矫压组件不可水平移动,为改变压点位置,需将工作台设计成可移动式。对于门形框架机身,矫压组件可配合滚珠丝杠、导轨等水平移动,即压点位置可改变,则不需要可移动式工作台。

（3）矫直工作台　包括可移动式工作台与固定工作台两种。工作台上安装有夹持组件、检测组件、支承组件等。在水平方向上,主要通过伺服电动机和齿轮齿条机构带动工件纵向移动,以便实现各点矫直。可移动式工作台由矫直加工对象导向,具有快速、平稳、准确定位等特点。固定工作台一般配合可水平移动的矫压组件使用。

（4）检测组件　检测系统是立式金属条材数控智能矫直机的关键部分,用于满足自动矫直在线实时检测的需要。传感器选用差动电感式传感器或位移传感器,均匀分布在各测量位置,通过控制系统和组件自身的传感放大器结构,实时测量工件截面的圆跳动。将测得的圆跳动值上传给计算机,计算机根据测得的圆跳动值,采用最小二乘法等方法计算出工件的直线度,并在人机交互界面进行实时显示。

如图 6-17 所示为挺杆式位移传感器结构。挺杆式传感放大器以槽口销为支点,一侧依次布置位移传感器、气缸和弹簧组件,另一侧作为测量接触元件。

整个传感器通过支承组件上的滑槽与工作台固定连接。当工件未进入矫直位时,传感器处于待机位,即气缸顶起,传感放大器左端翘起,不接触位移传感器,右端朝下不接触工件。当工件进入矫直位时,传感器处于检测位,即气缸收缩,传感放大器在弹簧作用力下左端下压位移传感器,右端翘起接触工件进行检测。

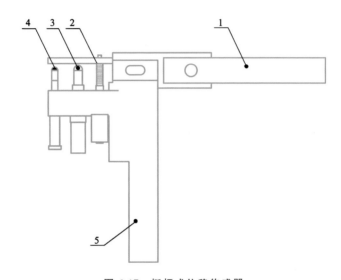

图 6-17　挺杆式位移传感器

1—挺杆式传感放大器;2—弹簧组件;3—气缸组件;4—位移传感器;5—支承组件

(5)夹持组件　夹持组件需根据矫直工件进行专门设计。夹具一般有三爪卡盘型、顶尖型与滚轮型。顶尖型夹持组件主要用于有顶尖孔的工件,滚轮型夹持组件主要用于无顶尖孔的工件。夹具主要用于实现工件的旋转驱动和夹紧。工件的旋转驱动由伺服电动机负责,工件的夹紧由气缸负责。夹持组件的旋转精度不得过大,从而保证工件的检测精度。另外,为适应不同的工件,夹持组件需在工作台上移动,这就要求其安装方便,一般将其配合导轨使用。

以滚轮型夹持组件为例,滚轮型夹持组件的驱动方式是:以上方的驱动滚轮作为主动轮,矫直载荷 F 作用在驱动滚轮上,滚轮与工件之间产生摩擦力,通过摩擦力将旋转运动传递给工件。驱动滚轮将压力 F 传递给工件后,工件又将压力传递给两个支承滚轮。由于工件旋转,工件与支承滚轮之间产生滚动摩擦,从而实现工件的旋转运动。两个支承滚轮为工件的基准支承。滚轮型夹持组件的具体结构如图 6-18 所示。

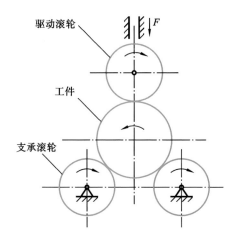

图 6-18 滚轮型夹持组件示意图

（6）支承组件 支承组件不仅应能水平移动,还应在竖直方向上可调整。水平移动时支承组件与夹持组件相同,安装在导轨上即可。为使其在竖直方向上可调整,需将支承组件设计成浮动结构,配合移动滑块使用。矫直时,气缸推动移动滑块,移动滑块将支承组件顶起,承受矫直载荷,并传递到工作台上。支承组件有多个,可将工件分段矫直,实现长工件的矫直。

6.4.3 金属条材数控智能矫直机控制系统的总体方案

金属条材数控智能矫直机控制系统由硬件和软件两部分组成。

1. 硬件系统

以卧式金属条材数控智能矫直机为例,硬件系统包括以下几部分:

（1）动力系统 由于需要控制支承跨距和矫直行程的精确位置,因此需要两台伺服电动机驱动控制 X 轴和 Y 轴;夹持组件和支承组件分别呈对称布置,则需要两台伺服电动机作夹持组件驱动电动机使用,控制 U 轴和 V 轴。另外,设备的附加输送装置需要有两台步进电动机作为其动力源。

（2）传动系统 矫直行程动力源对位移和力矩有特殊要求,因此需要选择大减速比的减速器以提高矫直压力;其他动力源按照常规的需求进行选择。

（3）安全硬件保护装置 所有伺服电动机均配备上下限位开关,采用原点开关量输入来保证运动控制的安全可靠。

（4）运动控制器(或者数控系统) 运动控制器至少需要六轴甚至更多的运动单元控制能力。

（5）输入/输出接口　根据控制面板和相关的附属控制要求，输入接口至少应有 50 个，输出接口至少应有 20 个。

2. 软件系统

在研究中，采用 Microsoft Visual Studio 开发金属条材数控智能矫直机控制软件，采用模块化的编程方式，把系统的各部分功能分别集成并模块化，通过多窗口调用模式，使操作人员能够方便快捷地调用每个功能模块，且操作人员按照对话框中的提示，能够方便地进行所需参数的设置，从而使得复杂的操作过程简单化了。该应用软件可以大致分为五个模块：运动控制模块、矫直数据管理模块、系统测量标定模块、系统设置模块及系统报警保护模块。软件的功能模块图如图 6-19 所示。

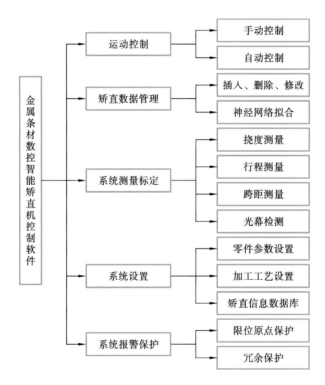

图 6-19　控制软件的功能模块

1）运动控制模块

该模块主要包括两大功能（见图 6-20）：自动控制功能和手动控制功能。自动控制功能用于实现矫直加工过程的全自动化，即在设定好工件基本属性和矫直工艺参数后,从上料到加工完毕的各工序无须人工干涉即可自动完成。手动控制功能是指在某些特殊情况下(如需进行系统调试、矫直加工试验时),采用人工手动操作,可以实现单步矫直加工。

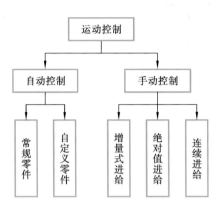

图 6-20　系统运动控制模块结构框图

2)矫直数据管理模块

矫直数据库管理模块中的数据包括零件的基本属性数据、矫直加工数据、BP 网络参数数据以及加工工艺参数数据。数据库管理模块提供了对这些数据进行插入、删除以及修改操作的功能,同时还可以调用 MATLAB 软件的神经网络拟合函数对矫直加工数据进行拟合。

3)系统测量标定模块

在矫直加工过程中系统需获得材料状态信息,因此需要采集多种信号和数据。首先必须测量工件挠度,采用电感比传感器来检测工件的挠度;采用光幕传感器来检测工件有无信号,并以此为标识开始自动化的矫直加工工艺流程;压头的运动和跨距的运动均采用光栅尺来检测。该模块的结构如图 6-21 所示。

4)系统设置模块

如图 6-22 所示,系统设置模块分为三个子模块:零件参数设置模块、加工工艺设置模块、矫直信息数据库模块。

5)矫直报警保护模块

系统的报警保护功能主要是指限位原点保护功能和冗余保护功能。对于使用伺服电动机提供动力的矫直机床,原点开关位置是系统运动的起始位置,限位开关位置是系统运动能够达到的极限位置。原点开关和限位开关是顺利进行矫直加工的基本保障,当系统的限位开关被触发时,系统会立即发出警报。冗

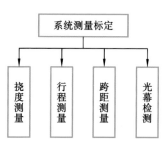

图6-21 系统测量标定模块结构框图   图6-22 系统设置模块结构框图

余保护是指系统会自动地进行矫直加工工艺流程的自诊断,如果不符合既定的运行规律,就会立即发出警报,以保护机床本体。

6.4.4 金属条材数控智能矫直机控制系统软件实现

根据金属条材数控智能矫直机控制系统总体方案所设计的控制系统软件的主界面如图 6-23 所示。

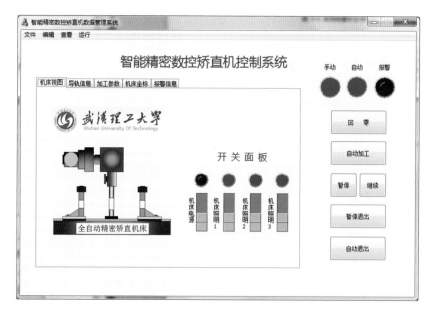

图 6-23 控制系统软件主界面

选择"文件"菜单下的"建立连接"选项,应用软件会和运动控制卡建立连接。单击开关面板上的机床电源开关,当红色指示灯亮起时,机床各电动机会进入使能状态。

软件主界面的右上角有三个指示灯用来指示机床的当前状态。当"手动"指示灯亮起时,表示机床当前处于手动工作模式;当"自动"指示灯亮起时,表示机床当前处于自动工作模式。红色指示灯为机床报警指示灯,当系统检测到限位开关被触发或者工艺流程出现错误时,报警指示灯会点亮。如图 6-23 所示主界面的右侧为自动模式下机床的操作按钮。

点击"回零"按钮时,控制软件会依次将机床的 U、V、X、Y 轴回零,并记录机床的当前位置,作为机床加工的零点位置;点击"自动加工"按钮时,软件会检测机床的当前状态,若在机床当前状态下可以启动自动模式,系统就会立即启动自动工作模式。

点击"暂停"按钮时,如果机床正处于自动工作模式,则会立即停止加工,并保存断点;点击"继续"按钮时,机床继续进行自动矫直加工;点击"自动退出"按钮时,若机床正处于自动加工状态,则会立即退出自动加工模式,反之按钮不会响应。

单击主界面中的"导轨信息"按钮,软件会打开工件参数设置窗口。输入工件型号"J002",然后点击"查询"按钮,控制软件会从数据库中查询该型号对应工件的相应信息,如图 6-24 所示,可知 J002 型号工件对应的工件材料为

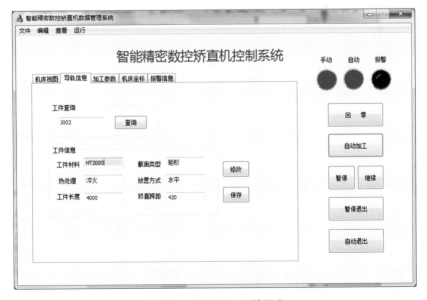

图 6-24　查询加工工件信息

HT2000，截面类型为矩形，热处理方式为淬火，放置方式为水平放置，工件长度为 4000 mm，矫直支承跨距为 420 mm。点击"保存"按钮，软件会读入该型号工件的参数信息。

单击主界面中的"加工参数"按钮，软件会打开加工参数设置窗口，如图 6-25 所示。在该界面中可以设置工件的相关加工参数，主要包括工件的输入方式、加工重合度、矫直精度、压头工进速度、压头快进速度、跨距工进速度、跨距快进速度、左夹紧力和右夹紧力。点击"保存"按钮，软件会读入本次的加工参数。

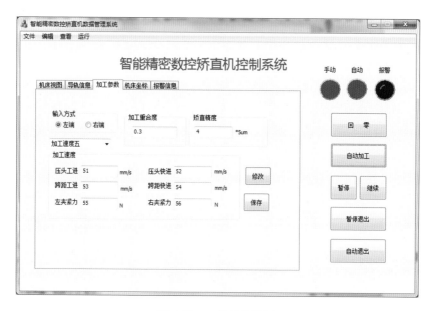

图 6-25　工艺参数设置

单击主界面中的"机床坐标"按钮，软件会打开机床坐标窗口，如图 6-26 所示。在该窗口下可以实时观测压头位置、支承跨距以及左右夹头位置。点击"计算动作顺序表"按钮，系统会自动生成矫直加工的动作顺序表，通过该动作顺序表可以很直观地看出矫直加工的流程。

在系统主界面顶部选择"运行"菜单下的"手动模式"选项，软件会打开手动控制面板，如图 6-27 所示。在该面板的左上角有一个"手动开关"，用鼠标点击该开关，系统会启动手动工作模式。在手动工作模式下，可以分别对每个轴进行回零操作。在手动控制面板中：单击"单步增量进给"按钮，软件进入单步增量进给模式设置，可以实现对压头和跨距的单步增量式进给；单击"单步绝对进

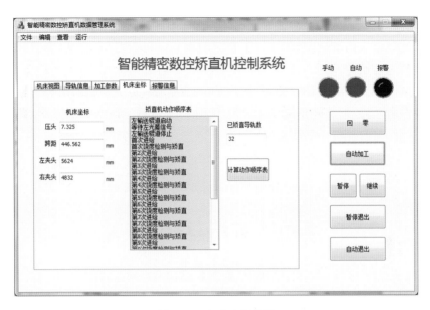

图 6-26　机床坐标设置

图 6-27　手动控制面板

给"按钮,软件进入单步绝对进给模式设置,此时输入位移目标值,然后点击相应的按钮,机床会运动到指定的位置;单击"连续进给"按钮,软件进入连续进给模式,此时输入加工速度,然后按下相应的按钮,机床便开始运动,弹起相应的按钮,机床运动即停止。

选择系统主界面顶部"查看"菜单下的"数据管理系统"选项,会弹出智能精密数控矫直机数据管理系统登录界面,如图 6-28 所示。通过该界面可实现对用户的管理,只有具有登录权限的用户才可以进入该数据库管理系统。

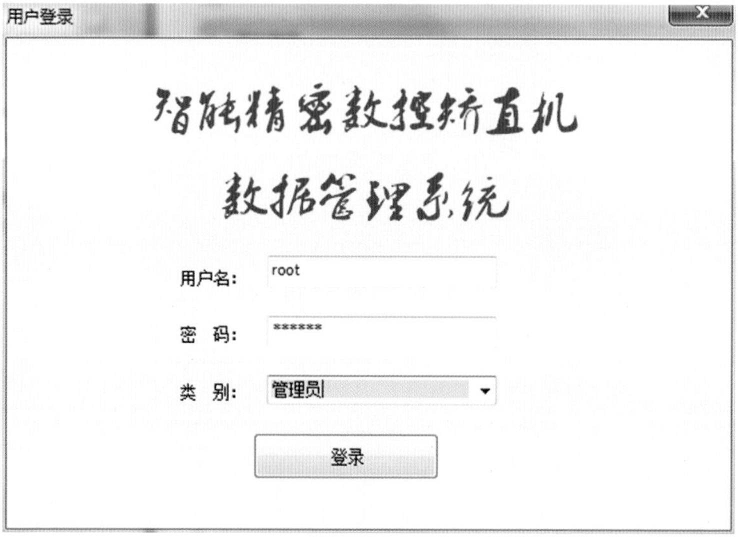

图 6-28 用户登录界面

在用户登录界面中输入正确的用户名和密码后,就进入智能精密数控矫直机数据库管理系统。该数据库管理系统的主界面如图 6-29 所示,在该界面下可以查询数据库中的数据。

在数据管理系统主界面顶部单击"编辑"菜单下的"添加零件"选项,会弹出"添加零件"对话框,如图 6-30 所示。在该对话框中输入零件编号和零件的相关属性数据,然后点击"添加"按钮,可以将所输入数据插入数据库。

6.4.5　金属条材数控智能矫直机控制系统软件代码实现

1. MATLAB 引擎概述

笔者采用 C++语言来开发金属条材数控智能矫直机控制系统软件。在

图 6-29　数据管理系统主界面

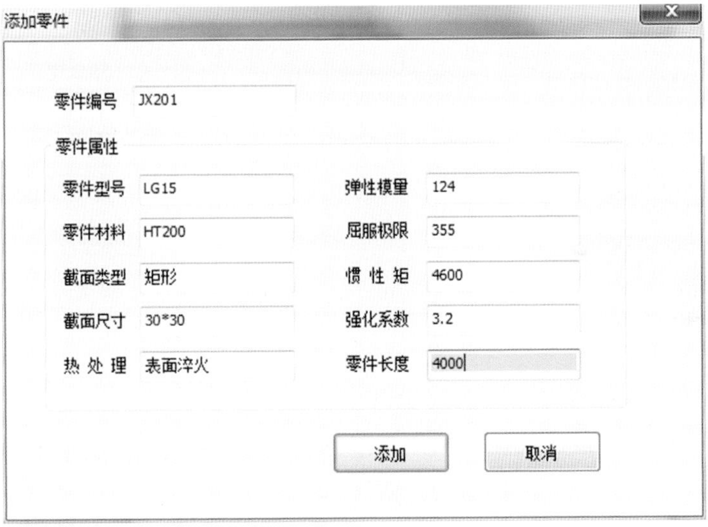

图 6-30　插入零件属性

软件的开发过程中需要用到 BP 神经网络以及遗传算法等,如果使用 C++语言来实现,则软件代码数量将会很庞大,在研究中采用 MATLAB 引擎技术来解决这一问题。MATLAB 引擎是 MATLAB 软件提供的接口函数,其他编程语言如 C++可以直接调用这些接口函数实现自己的功能需求。

　　MATLAB 引擎采用 C/S(客户机/服务器)模式。它通过开发的客户端应用程序与服务器通信,向 MATLAB 引擎发送请求,MATLAB 引擎接收请求并处理,然后将结果返回给客户端应用程序,如图 6-31 所示。

图 6-31　MATLAB 引擎的调用过程

应用程序和 MATLAB 引擎是独立运行的两个程序,它们之间的通信机制与开发环境有关。在 Windows 环境下,通过组件对象模型(COM)接口进行通信。MATLAB 提供了一个函数库来实现对 MATLAB 的控制,MATLAB 引擎的库函数如表 6-1 所示。

表 6-1　MATLAB 引擎的库函数

函 数 名 称	功　　　能
engOpen	启动 MATLAB 引擎
engClose	关闭 MATLAB 引擎
engGetVariable	从 MATLAB 引擎中获取一个 MATLAB 矩阵
engPutVariable	向 MATLAB 引擎传递一个 MATLAB 矩阵
engEvalString	执行一个 MATLAB 命令
engOutputBuffer	创建一个存储 MATLAB 文本输出的缓冲区

2. 矫直机机床控制软件代码实现

1)矫直机机床跨距调整代码实现

矫直机机床跨距的调整是利用基于同步带的跨距调整机构来实现的。使用电动机来拖动同步带运动,跨距调整函数如下:

```
int SpanMoveToPosition(float target_span,float SP,float AC,float
DC)//跨距调整到指定值
{
char span[50]= "";//定义接收跨距位置的字符串
::DMCCommand(hDmc,"MG _TPB;",span,50);//向运动控制器发送读取跨距位
置指令
int current_span= ::atoi (span);//将 ASCII 格式的跨距位置转化为整数
格式的跨距位置
int delt_span= target_span* 200-current_span;//计算跨距运动的位移量
char str[50]= "";//定义字符串缓冲区,用来保存控制器命令
```

```
int pos= 0;//定义整数,用来保存字符串长度
::sprintf(str+pos,"PRB=%d;",delt_span);//向字符串中写入跨距运动位
移指令
pos= ::strlen(str);//计算字符串的长度
::sprintf(str+pos,"SPB=%d;",SP*200);//向字符串中写入跨距运动速度
指令
pos=::strlen(str);//计算字符串的长度
::sprintf(str+pos,"ACB=%d;",AC*200);//向字符串中写入跨距运动加速
度指令
pos=::strlen(str);//计算字符串的长度
::sprintf(str+pos,"DCB=%d;",DC*200);//向字符串中写入跨距运动减速
度指令
pos=::strlen(str);//计算字符串的长度
::sprintf(str+ pos,"BGB;");//向字符串中写入跨距开始运动指令
char response[200]= "";//定义字符串,用来接收运动控制器的函数返回信息
::DMCCommand(hDmc,str,response,200);//向运动控制器发送 ASCII 格式的
跨距运动指令
return 0;//函数返回
}
```

跨距调整函数的入口参数依次为跨距的目标值、运动速度、启动加速度、停止减速度,调用该函数可以使跨距按照指定的梯形速度曲线运动到指定的位置。

2) 数据库中数据拟合的代码实现

在软件开发初期,使用 Excel 替代传统的数据库来存储矫直数据,该函数通过调用 MATLAB 引擎方式实现对 Excel 中数据的拟合,函数代码如下。

```
void CJZtest01Dlg::OnBnClickedButton2()
{
// TODO: Add your control notification handler code here
char str[200]= "";//定义字符串缓冲区,用来存储 MATLAB 引擎返回信息
Engine *ep= engOpen(NULL);// 启动 MATLAB 引擎
engOutputBuffer(ep,str,200);// 创建一个存储 MATLAB 文本输出缓冲区
char command[1000]= "";// 定义字符串,用来存储向 MATLAB 引擎发送的指令
int pos= 0;// 定义整数变量,保存字符串的长度
::sprintf(command+pos,"EXP_Deflection_Initial= xlsread('F:\\ANN
\\Experiment\\experiment.xls','A12:A61')';");// 向字符串中写入 MAT-
LAB 命令,读取 Excel 表格数据
pos= strlen(command);// 计算字符串的长度
::sprintf(command+pos,"EXP_Deflection_Residual=xlsread('F:\\ANN
```

```
\\Experiment\\experiment.xls','B12:B61')';"); // 向字符串中写入 MAT-
```
LAB 命令,读取 Excel 表格数据
```
pos=strlen(command); // 计算字符串的长度
::sprintf(command+pos,"EXP_Deflection= EXP_Deflection_Initial-
EXP_Deflection_Residual;");
pos=strlen(command); // 向字符串中写入 MATLAB 命令
::sprintf(command+pos,"EXP_Stroke=xlsread('F:\\ANN\\Experiment\
\experiment.xls','C12:C61')';"); // 向字符串中写入 MATLAB 命令,读取
```
Excel 表格数据
```
pos=strlen(command); //
::sprintf(command+pos,"EXP_xx=linspace(0,2.2,200);"); // 向字符串
```
中写入 MATLAB 命令
```
pos=strlen(command); // 计算字符串的长度
::sprintf(command+pos,"P=polyfit(EXP_Deflection,EXP_Stroke,
3);"); // 向字符串中写入 MATLAB 命令
pos=strlen(command); // 计算字符串的长度
::sprintf(command+pos,"EXP_yy= polyval(P,EXP_xx);"); // 向字符串中
```
写入 MATLAB 命令
```
pos=strlen(command); // 计算字符串的长度
::sprintf(command+pos,"plot(EXP_Deflection,EXP_Stroke,'r.',EXP_
xx,EXP_yy,'b-');"); // 向字符串中写入 MATLAB 命令
pos= strlen(command); // 计算字符串的长度
::sprintf(command+ pos,"hold on;grid on;"); // 向字符串中写入 MATLAB
```
命令
```
engEvalString(ep,command); // 向 MATLAB 引擎发送命令
this-> SetDlgItemTextA(IDC_EDIT2,str); // 显示 MATLAB 返回的文本信息
}
```

3) 设备坐标实时显示代码实现

设备坐标实时显示函数如下:

```
UINT CoordinateDataShows(LPVOID pParam)//完成机床坐标显示
{
//传入参数为结构体指针,定义见 DataTypeDefine.h 文件
USHORT usOffsetA= 0;//定义 A 轴坐标数据在运动控制器缓冲区中的地址偏移
量,用来接收地址偏移量值
USHORT usOffsetB= 0;//定义 B 轴坐标数据在运动控制器缓冲区中的地址偏移
量,用来接收地址偏移量值
USHORT usOffsetC= 0;//定义 C 轴坐标数据在运动控制器缓冲区中的地址偏移
量,用来接收地址偏移量值
USHORT usOffsetD= 0;//定义 D 轴坐标数据在运动控制器缓冲区中的地址偏移
```

量,用来接收地址偏移量值

```
USHORT usDataTypeA= 0;//定义 A 轴坐标数据的数据类型
USHORT usDataTypeB= 0;//定义 B 轴坐标数据的数据类型
USHORT usDataTypeC= 0;//定义 C 轴坐标数据的数据类型
USHORT usDataTypeD= 0;//定义 D 轴坐标数据的数据类型
```

const char* pchDataRecord;//定义指针变量,用来接收运动控制器缓冲区起始地址

critical_section.Lock();//线程同步退出临界区

::DMCGetDataRecordConstPointer(hDmc,&pchDataRecord);//获取坐标数据在运动控制器缓冲区中的起始地址

:: DMCGetDataRecordItemOffsetById (hDmc, DRIdAxisMotorPosition, DRIdAxis1,&usOffsetA,&usDataTypeA);//获取 A 轴坐标数据在运动控制器缓冲区中的地址偏移量

:: DMCGetDataRecordItemOffsetById (hDmc, DRIdAxisMotorPosition, DRIdAxis2,&usOffsetA,&usDataTypeB);//获取 B 轴坐标数据在运动控制器缓冲区中的地址偏移量

:: DMCGetDataRecordItemOffsetById (hDmc, DRIdAxisMotorPosition, DRIdAxis3,&usOffsetA,&usDataTypeC);//获取 C 轴坐标数据在运动控制器缓冲区中的地址偏移量

:: DMCGetDataRecordItemOffsetById (hDmc, DRIdAxisMotorPosition, DRIdAxis4,&usOffsetA,&usDataTypeD);//获取 D 轴坐标数据在运动控制器缓冲区中的地址偏移量

critical_section.Lock();//线程同步进入临界区

PositionA= (long*)(pchDataRecord+usOffsetA);//计算 A 轴坐标数据在运动控制器缓冲区中的地址

PositionB= (long*)(pchDataRecord+usOffsetB);//计算 B 轴坐标数据在运动控制器缓冲区中的地址

PositionC= (long*)(pchDataRecord+usOffsetC);//计算 C 轴坐标数据在运动控制器缓冲区中的地址

PositionD= (long*)(pchDataRecord+usOffsetD);//计算 D 轴坐标数据在运动控制器缓冲区中的地址

critical_section.Unlock();//线程同步退出临界区

```
CoordinateShow* p=(CoordinateShow*)pParam;
BeCoordinateDataShow= true;//定义机床坐标显示状态变量
while(BeCoordinateDataShow)
{
```

critical_section.Lock();//线程同步进入临界区

ReturnValue= ::DMCRefreshDataRecord(hDmc,0);//读取运动控制器缓冲

区中坐标数据到计算机内存指定区域

```
critical_section.Unlock();//线程同步退出临界区
//数据刷新显示
::SetDlgItemInt(p-> hWnd,p-> IdenterID,* PositionA,true);//刷新软
件界面 A 轴坐标值
::SetDlgItemInt(p-> hWnd,p-> SpanID,* PositionB,true);//刷新软件
界面 B 轴坐标值
::SetDlgItemInt(p-> hWnd,p-> LChuckID,* PositionC,true);//刷新软
件界面 C 轴坐标值
::SetDlgItemInt(p-> hWnd,p-> RChuckID,* PositionD,true);//刷新软
件界面 D 轴坐标值
        ::Sleep(20);//定义数据刷新时间间隔为 20ms
}
return 0;//线程函数返回
}
```

在研究中,笔者通过创建线程函数,在线程函数中重复读取运动控制器缓冲区中机床坐标值,然后更新软件界面的坐标显示值,来实现机床坐标的实时显示。

6.4.6　金属条材数控智能矫直机智能控制策略

智能控制策略是指在无人干预的情况下,自主驱动智能机器实现控制目标的自动控制策略。对于卧式金属条材数控智能矫直机,智能控制策略的意义在于提高设备的自动化和智能化程度,降低人工干预度,提高产品质量和生产效率。下面就对卧式金属条材数控智能矫直机的智能控制策略进行简单的介绍。

1）矫直智能控制

卧式金属条材数控智能矫直机在矫直过程中,会智能检测金属条材的直线度,并且会根据金属条材的几何特征智能匹配矫直位置、矫直次数、跨距、矫直行程等一系列矫直参数,并且在矫压过程中会对金属条材的直线度和受力进行实时检测。矫压完成后再次对金属条材进行直线度检测,如果直线度误差满足要求则将金属条材输送出设备,准备对后续金属条材进行矫直;如果直线度误差不满足要求,则再次智能生成矫直参数,对工件进行再次矫直加工。

2）夹持组件智能控制

夹持组件安装有力传感器,以适应不同截面形状的金属条材。金属条材输送到设备内部后,夹持组件将金属条材夹紧,并会根据力传感器采集的数据和材料信息智能设定夹紧力,防止夹持组件夹紧力不足,使得矫压时金属条材出现松动或者移动的情况,同时防止夹持组件夹紧力过大,夹持组件传动齿轮组

锁死或金属条材发生变形。

3）反馈补偿

卧式金属条材数控智能矫直机配置有一套功能全面的感知系统,除了具备金属条材的直线度检测功能外,还有各个进给部件的位置感知、机床关键部位的温度感知和振动感知等功能。设置这些感知功能的目的就是补偿包括进给误差、温度和振动引起的加工误差在内的各种误差。位置感知系统会将进给系统的位置信息实时提交给计算机,在进给执行结束后对位置进行识别,如果与预期的位置有偏差,则进给系统会对自身位置进行补偿,以满足进给要求。矫直系统能够考虑温度和振动对矫直机的影响,在加工时实时采集温度和振动等信息,并实时进行补偿,从而提高加工精度和产品质量。

立式金属条材数控智能矫直机智能控制策略与卧式金属条材数控智能矫直机智能控制策略大体相似,二者的差异主要体现在矫直智能控制方面。

在矫直智能控制方面,设备应不仅仅能根据金属条材的几何特征匹配相应的矫直工艺参数,还应有适应多步矫直的工步设置。在初次矫直后,可将特征复杂、空间弯曲的工件的加工工步由多个弯曲工步转化为一个或两个较大弯曲工步,再配合矫压点与支点的位置组合,将工件分段矫直,最终达到要求的矫直效果。在此过程中,夹持装置、支承组件、测量组件按照矫直流程工作,由软件系统将调整过的工艺参数进行存储,针对同一批次或者同种规格的工件形成数据库。

6.5　本章小结

本章主要介绍了数控矫直智能装备设计方法及相关技术,从数控矫直智能装备的设计要求入手,分析了数控矫直智能装备的功能和装备的基本组成,并对总体结构方案设计方法进行了阐述,包括数控矫直智能装备的进给组件设计方法、支承组件设计方法、矫压组件设计方法、数控矫直智能装备控制系统的硬件系统和软件系统设计方法等;对卧式和立式金属条材数控智能矫直机进行功能分析,并进行了相应的方案设计,分别介绍了卧式金属条材数控智能矫直机和立式金属条材数控智能矫直机的组成以及总体方案,并对其智能控制策略进行了阐述。

参考文献

[1] 赵万华,张星,吕盾,等.国产数控机床的技术现状与对策[J].航空制造技术,2016(9):16-22.

[2] 谢桂珍.《中国制造2025》演绎中国版"工业4.0"数控机床成主流方向之一[N].机电商报,2015-07-13(A07).

[3] 李庆扬,王能超,易大义,等.数值分析[M].5版.武汉:华中科技大学出版社,2018.

[4] 黄筱调,夏长久,孙守利.智能制造与先进数控技术[J].机械制造与自动化,2018,47(01):1-6,29.

[5] 于文斌.用数据说话:2016年数控机床行业发生了什么?[J].智慧中国,2017(3):65-66.

[6] 金华.国产数控机床及其关键技术发展现状及展望[J].科技资讯,2017,15(11):123,125.

[7] 佚名.中国制造2025"第一设备":i5M8系列平台型智能机床[J].机械,2016,43(4):54.

[8] 邵钦作.机床行业"智能制造"的发展与展望[J].世界制造技术与装备市场,2016(6):42-44,60.

[9] 高彬彬.美国智能机床研究发展概况[J].国防制造技术,2009,3(1):58-60.

[10] 韩昊铮.数控机床关键技术与发展趋势[J].中国战略新兴产业,2017(4):118-120,124.

[11] 刘世豪,杜彦斌,姚克恒,等.面向智能制造的数控机床多目标优选法研究[J].农业机械学报,2017,48(3):396-404.

[12] 陈长年,李雷.浅析智能机床发展[J].制造技术与机床,2015(12):45-49.

[13] 邵娟.数控机床智能化技术研究[J].科技资讯,2015,13(2):95.

[14] 周润基.现代数控机床的智能化应用[J].科技风,2016(22):152.

[15] 鄢萍,阎春平,刘飞,等.智能机床发展现状与技术体系框架[J].机械工程学报,2013,49(21):1-10.

[16] 王勃,杜宝瑞,王碧玲.智能数控机床及其技术体系框架[J].航空制造技术,2016(9):55-61.

[17] 盛伯浩.我国数控机床现状与技术发展策略[J].现代制造,2005(15):38-44.

[18] 卜基桥.谁来做大数控机床功能部件产业[J].现代制造,2005(4):38-39.

[19] 陈循介.2009年中国机床工业的运行特点、市场需供、问题和发展趋势[J].精密制造与自动化,2010(2):1-5.

[20] 屈岳陵.直线导轨的原理与发展[J].现代制造,2003(20):40-42.

[21] 刘健.不同热处理方式下精密直线导轨矫直行程的研究[D].武汉:武汉理工大学,2014.

[22] LU H,LING H,LEOPOLD J,et al. Improvement on straightness of metal bar based on straightening stroke-deflection model[J]. Science in China Series E:Technological Sciences,2009,52(7),1866-1873.

[23] LU H,LING H,JAE-YOUN J. Bending properties of GCr15 steel guide rail under the multi-step loading[J]. Journal of Wuhan University of Technology(Materials Science Edition),2010,25(4):561-564.

[24] 何谦.金属条材精密矫直行程预测算法及软件开发[D].武汉:武汉理工大学,2011.

[25] 郭昌桥.精密直线导轨校直过程控制系统研究[D].武汉:武汉理工大学,2009.

[26] 杜复旦.精密矫直过程中信号采集及处理技术研究[D].武汉:武汉理工大学,2012.

[27] 王洋.精密矫直机的伺服系统设计[D].武汉:武汉理工大学,2012.

[28] 袁国忠.精密矫直机控制系统的研究与开发[D].武汉:武汉理工大学,2014.

[29] 吕志成.精密矫直模块化流程控制的设计与开发[D].武汉:武汉理工大学,2012.

[30] 郑立涛.精密矫直流程控制系统设计与开发[D].武汉:武汉理工大

学,2011.

[31] 卢红,张永权,高圣,等.考虑应力叠加的矫直行程预测模型研究[J].华中科技大学学报(自然科学版),2016,44(9):65-70.

[32] 凌鹤.面向回弹控制的精密直线导轨矫直技术及应用研究[D].武汉:武汉理工大学,2011.

[33] 张潇.精密直线导轨的校直行程预测与建模研究[D].武汉:武汉理工大学,2009.

[34] 马晓峰,卢红,张永权,等.直线导轨的矫直及其直线度的误差评定[J].机械设计与制造,2014(10):226-228.

[35] 冯婧婷.直线导轨精密矫直的误差检测及补偿技术研究[D].武汉:武汉理工大学,2013.

[36] 张伟伟.精密矫直运动的交流伺服控制系统设计[D].武汉:武汉理工大学,2011.

[37] 王萌.精密直线导轨矫直机设计与分析[D].武汉:武汉理工大学,2010.

[38] 王冠.精密矫直行程预测方法与应用研究[D].武汉:武汉理工大学,2013.

[39] 崔甫.矫直理论与参数计算[M].北京:机械工业出版社,1994.

[40] 崔甫.矫直原理与矫直机械[M].北京:冶金工业出版社,2002.

[41] 崔甫,施东成.矫直机压弯量计算法的探讨[J].冶金设备.1999,1(1):1-6.

[42] 袁国,黄庆学,董辉.中厚板矫直技术发展的现状与展望[J].太原重型机械学院学报,2002,23(增刊):40-43,54.

[43] 李学通,杜凤山,于凤琴.中厚板矫直过程的有限元研究[J].重型机械,2005(1):44-46.

[44] 杨固川,江浩.国产3000中厚板轧机概述及技术展望[J].冶金设备,2006(4):45-50.

[45] 王效岗,黄庆学.新式中厚板矫直机的技术特点[J].山西冶金,2006(2):27-29.

[46] 陈健就,许超.现代宽厚板矫直机[J].宝钢技术,1999(4):10-14,46.

[47] 张德林,刘晓瑾.3800mm宽厚板矫直机结构设计及关键构建的力学分析[J].重型机械,2007(1):46-48,52

[48] OPEL S P. Roller straightening machines for straightening light shaped profiles[J]. Metallurg,1967,9(1):512-515.

[49] KHOPERIYA P,ATTARYAN V O. Modernizing a straightening ma-

chine[J]. Metallurg,1974,18 (9):700-701.

[50] DERYABIN G N, KUZMIN G. Straightening-stretching machine[J]. Chemical and Petroleum Engineering,1982,18(11):553-554.

[51] AVENT R R,MUKAI D J,ROBINSON P F. Heat straightening rolled shapes[J]. Journal of structural engineering,2000,126(7):755-762.

[52] AVENT R R, MUKAI D J,ROBINSON P F, et al. Heat straightening damaged steel plate elements[J]. Journal of Structural Engineering, 2000,126(7):747-754.

[53] AVENT R R, MUKAI D J,ROBINSON P F. Residual stress in heat-straightened steel members[J]. Journal of Materials in Civil Engineering. 2001,2(1):18-25.

[54] AVENT R R, MUKAI D J,ROBINSON P F. Effect of heat straightening on material properties of steel[J]. Journal of Materials in Civil Engineering. 2002,8(1):188-195.

[55] CHABAN S V. Rail-straightening equipment[J]. Metallurgist,2002, 46 (3-4):93-96.

[56] BELOBROV Y N ,SMIRNOV V G ,TITARENKO A I. Modern straigntening machines[J]. Metallurgist,2002,46(9-10):280-283.

[57] BELOBROV Y N,MIRNOV V G ,TITARENKO A I,et al. Automating the control of modern equipment for straightening flat-rolled products [J]. Metallurgist, 2004,48(7-8),403-413.

[58] SUMSKII S N ,GRACHEV V G,SOLODOVNIK F S, et al. The role of vniimetmash in designing and introducing cross-cutting shears for flat-rolled products[J]. Metallurgist,2004,48(3-4):118-121.

[59] LEE J S ,HUH H,BAE J G,et al. Design optimization of roller straightening process for steel cord using response surface methodology[J]. AIP Conference Proceedings,2007,908 (1):105-110.

[60] 栗林.辊式矫直机的发展趋势及其结构特点[J].现代制造技术与装备, 2006,3(1):39-41.

[61] 陈梅,李胜祇,阎军,等.薄带拉伸弯曲矫直技术研究进展[J].安徽工业大学学报(自然科学版),2004,21(1):11-15.

[62] 历长云,李英民,董丽萍.薄钢板矫直专家系统的设计[J].沈阳工业大学学

报,2003,25(4):273-275.

[63] 钦明浩,柯尊忠,张向军,等.精密矫直机中轴类零件矫直工艺理论研究[J].机械工程学报,1997,33(2):48-53.

[64] 钦明浩,张向军,蒋守仁,等.轴类零件校直理论分析[J].合肥工业大学学报(自然科学版),1996,19(4):22-28.

[65] 崔华青,翟华.YH40-160型曲轴精密校直液压机的研制[J].锻压装备与制造技术,2008(6):39-41.

[66] 荆云海,李君芹,董小娟.10MN全自动液压压力棒材矫直机组[J].制造工程设计,2007(5):108-110.

[67] 董超.C型半自动校直机的原理及应用[J].试验技术与试验机.1999,39(1,2):11-12.

[68] 蒋守仁,翟华,蒋叶青.一种行程控制精密校直工艺理论[J].锻压机械,1997(5):10-12.

[69] 翟华,韩春明,蒋守仁,等.轴类零件精密校直行程算法研究[J].重型机械,2001(5):35-38.

[70] 李骏,熊国良,邹慧君.轴类零件压力矫直过程的数学模型与行程计算[J].重型机械,2004,6(1):41-44.

[71] 周磊,余忠华,T型导轨翘曲变形矫正的载荷-行程模型[J].农业机械学报,2010,41(11):193-197,207.

[72] 周磊,余忠华,基于弹塑性理论的T型导轨校直模型研究[J].浙江大学学报(工学版),2010,44(2):368-372.

[73] 钦明浩,吴焱明,蒋守仁,等.轴类零件校直的有限元解法[J].合肥工业大学学报(自然科学版),1996,19(2):24-29.

[74] 李骏,邹慧君,熊国良,等.压力矫直过程模型的有限元分析及应用[J].重型机械.2004(1):28-30.

[75] 郭华,梅东生,王彦中.钢轨复合矫直技术的应用[J].轧钢,2002,19(5):11-13.

[76] 郭华,邓勇.钢轨矫直压力的有限元计算[J].重型机械.2006(5):53-55.

[77] 王会刚,刘学江,刘炳新.有限差分法在H型钢辊式矫直压下挠度计算中的应用[J].锻压技术,2005,6(1):41-43.

[78] 王会刚,臧勇,崔丽红,等.H型钢矫直压下挠度的理论解析及压下过程数值模拟[J].机械设计与制造.2007(3):78-80.

[79] 刘炳新,李秋彬,姚海英.工字钢辊式矫直时腹板作用的有限元仿真分析[J].重型机械,2004,17(4):92-94.

[80] 盛艳明,李骏.钢轨端部压力矫直的有限元分析[J].重型机械.2007(5):53-54.

[81] 张洪伟,张以都,吴琼,等,航空整体结构件加工变形校正技术研究[J].兵工学报,2010,31(8):1072-1077.

[82] 李骏,熊国良,邹慧君.校直机行程计算经验公式的理论依据分析[J].锻压装备与制造技术,2003,38(6):22-24.

[83] 谷瑞杰,杨合,詹梅,等,弯曲成形回弹研究进展[J].机械科学与技术,2005,24(6):653-658.

[84] WAGONER R H, WANG J F. Springback, ASM metals handbook on forming and forging[M]. Ohio:Materials Park,2006.

[85] QUEENER C A, DE ANGELIS R J. Elastic springback and residual stresses in sheet formed by bending[J]. Trans. ASME,1968,61:757-768.

[86] CHAM K C,WANG S H. Theoretical analysis of springback in bending of integrated circuit leadframes[J]. Journal of Materials Processing Technology,1999,91 (1-3):111-115.

[87] LEU D K. A simplified approach for evaluating bend ability and springback in plastic bending of anisotropicsheet metals[J]. Journal of Materials Processing Technology,1997,66(1-3):9-17.

[88] DUNCAN J L,BIRD J E. Approximate calculations for draw die forming and their application to aluminum alloy sheet[J]. Sheet Metal Industries,1978(1):45-52.

[89] DUNCAN J L. Calculation of springback and toe-in in the stretched bending of sheet metal[J]. Sheet Metal Industry,1980:120-123.

[90] POURBOGHRAT F, CHU E. Prediction of springback and side-wall curl in 2d draw bending[J]. Journal of Materials Processing Technology,1995.50(1-4):361-374.

[91] KUWABARA T,TAKAHASHI S,AKIYAMA K,et al. 2-D springback analysis for stetch-bending processes based on total strain theory[J]. SAE Trans. Section 5,1995,950691,504-513.

[92] TEKASLAN O, SEKER U, OZDEMIR A. Determining springback a-

数控矫直技术及智能装备

mount of steel sheet metal has 0.5mm thickness in bending dies[J]. Materials & Design,2006,27(3):251-258.

[93] 李欧卿,梁庆伟,武殿梁.板金弯曲成形回弹问题的理论研究[J].塑性工程学报,2003,10(1):47-51.

[94] JOHN B. Modern straightening machines for pipe,tubes,bars and sections[J]. Iron and Steel Engineer,1997,54(11):38-45.

[95] DING S G,HAN C M,ZHAI H,et al. Research on the numeric processing algorithm in automatic detecting system of precise straightening press[J]. Mechanical Science and Technology,2000,19(1):62-63.

[96] 庄树明,孙艳明,邵燕翔,等,ASC-Ⅱ型自动轴类校直机[J].试验技术与试验机,2006(2):60-63.

[97] 李雪春,杨玉英,王永志,等.弯曲成形中材料性能参数的在线识别[J].材料科学与工艺,2002,10(1):59-61.

[98] 赵军,马瑞,李建.盒形件智能化拉深过程中材料性能参数的识别[J].塑性工程学报,2009,16(2):10-14.

[99] 赵军.锥形件智能化拉深系统中材料参数和摩擦系数的在线识别[J].塑性工程学报.2001,8(3):48-52.

[100] 李骏,朱双霞.自动校直机材料性能参数的在线识别[J].制造业自动化,2009,32(12):16-19.

[101] 胡震东,黄海,贾光辉.超高速撞击条件下铝合金材料参数识别方法[J].北京航空航天大学学报,2008,34(9):999-1002.

[102] HARTH T,SCHWAN S,LEHN J,Identification of material parameters for inelastic constitutive models:statistical analysis and design of experiments[J]. International Journal of Plasticity,2004,20(8-9):1430-1440.

[103] KUCHARSKI S,MRÓZ Z,Identification of material parameters by means of compliance identification of material parameters by means of compliance moduli in spherical indentation test[J]. Materials Science and Engineering(A), 2004,379(1-2):448-456.

[104] GHOUATI O,GELIN J C.Identification of material parameters directly from metal forming processes[J].Journal of Materials Processing Technology,1998,80-81:560-564.

[105] MARINA F,ROBERT B,IVAN P. Genetic algorithm in material model parameters' identification for low-cycle fatigue[J]. Computational Materials Science,2009,45(2):505-510.

[106] CHAPARRO B M,THUILLIER S,MENEZE L F,et al. Material parameters identification:Gradient-based,genetic and hybrid optimization algorithms[J]. Computational Materials Science,2008,44(2):339-346.

[107] MILANI A S,DABBOUSSI W,NEMES J A. An improved multi-objective identification of Johnson-Cook material parameters[J]. International Journal of Impact Engineering,2009,36(2):294-302.

[108] 柯尊忠,翟华.基于滚动优化的校直工艺理论及实验研究[J].合肥工业大学学报,2002,25(5):663-666.

[109] TAKAAKI K,EIZO U,MINORU N,et al. Control for straightening process of seamless pipe[J]. JSME International Journal(Series 3),1991,34(3):427-432.

[110] KATOH T,URATA E. Measurement and control of a straightening process for seamless pipes[J]. Journal of Engineering for Industry,1993,115(3):347-351.

[111] KIM S C ,CHUNG S C. Synthesis of the multi-step straightening control system for shaft straightening processes[J]. Mechatronics,2002,12(1):139-156.

[112] 翟华,韩春明,柯尊忠.异型薄壁管件截面校正工艺理论与实验研究[J].农业机械学报,2003,34(5):140-142.

[113] 翟华,王芳,柯尊忠,等.单边径向裂纹轴校直行程可行域计算及实验[J].农业机械学报,2003,34(2):123-125.

[114] 翟华.轴类零件校直工艺广义预测多步算法研究[J].塑性工程学报.2004,11 (5):50-53.

[115] 翟华.轴类零件自动校直技术现状及发展趋势[J].重型机械,2007(4):1-5.

[116] 翟华.J 积分移动理论的单边径向裂纹轴校直行程算法[J].农业机械学报,2008,39(8):169-172.

[117] 陈永新,柯尊忠,陈剑.精密校直液压机离散电液位置伺服系统的研究[J].中国机械工程,2007,18(8):883-887.

［118］金元郁,庞中华,崔红.改进的最小方差自校正控制算法［J］.青岛科技大学学报(自然科学版),2005,26(2):165-168.

［119］丁曙光,卢检兵,桂贵生.基于高精度 Fuzzy 控制算法的校直机液压伺服系统的仿真与应用研究［J］.重型机械,2007(4):23-25,29.

［120］赵连玉,高峰,陈炜.全自动卧式校直机误差分析及补偿［J］.机械设计与研究,2008.24(2):112-116.

［121］赵连玉,高峰.全自动卧式校直机智能控制系统［J］.微计算机信息.2008,24(7),20-21,86.

［122］SEKIYA K,SHIMOJIMA H. Motion and force control of a manipulator using a task coordinates servo (Suggestion of control law and Analysis of stability)［J］. Nippon Kikai Gakkai Ronbunshu Cohen/ Transactions of the Japan Society of Mechanical Engineers,Part C,1994,60(575):2323-2330.

［123］TROSTMANN E,HANSEN N E,COOK G. General scheme for automatic control of continuous bending of beams［J］. Journal of Dynamic Systems,Measurement and Control,1982,104(2):173-179.

［124］TANI G,TOMESANI L. Adaptive control in the straightening process of case hardened parts［C］. Proceedings of International Manufacturing Engineering Conference,1996.356-358.

［125］HARDT D E,ROBERTS M A,STELSON K A. Stelson closed-loop shape control of a roll-bending process［J］. Journal of Dynamic Systems,Measurement and Control,1982,104(1):317-322.

［126］HARDT D E,CHEN B. Control of a Sequential Brakeforming Process［J］. Journal of Engineering for Industry,1985,107(1):141-145.

［127］REISSNER J,MEIER M,RENKER H J. Computer-aided three bending of multiple-bend profiles［J］. CIRP Annals,1985,34(1):259-262.

［128］HOFFMANN M,GEIBLER U,GEIGER M. Computer-aided generation of bending sequences for die-bending machines［J］. Journal of Materials Processing Technology,1992,30(1):1-12.

［129］BOYARSHINOV M G,GITMAN M B,TRUSOV P V. A method of solution for the cyclic bending problem［J］. International Journal of Mechanical Sciences,1992,34(11):881-889.

[130] CHEN Z X，CHEN H. A method of the calculation of straightening stroke for automatic precise pressure straightening[J]. Journal of East China Jiaotong University，2007,24 (2)：127-130.

[131] RESTREPO J I，CRISAFULLI F J，PARK R. How harmfull is Cold bending/Straightening of reinforcing bars[J]. Concrete International. 1999,21(4),45-48.

[132] HYUN J H，LEE C O. Optimization of feedback gains for a hydraulic Servo system by genetic algorithms[J]. Journal of Systems Control Engineering,1998,212(5):395-401.

[133] DING S G，HAN C M，ZHAI H，et al. Research on the numeric processing algorithm in automatic detecting system of precise straightening press[J]. Mechanical Science and Technology,2000,19(1):62-63.

[134] NASTRANA M，BALICB J，Prediction of metal wire behavior using genetic programming[J]. Journal of Materials Processing Technology，2002,122(2-3)：368-373.

[135] WUA B J ，CHANB L C ，LEE T C，et al. A study on the precision modeling of the bars produced in two cross-rolls straightening[J]. Journal of Materials Processing Technology,2000,99 (1-3):202-206.

[136] HONG S. H，KIM H Y，LEE J R. Crack propagation behavior during three-point bending of polymer matrix composite Al_2O_3 polymer matrix composite laminated composites[J]. Materials Science and Engineering (A),1995,194 (2):157-163.

[137] HUANG D，REDEKOP D，XU B. Instability of a Cylindrical Shell under Three-Point Bending[J]. Thin-Walled Structures,1996,26(2):105-122，

[138] YANG H，GU R J，ZHAN M，et al. Effect of frictions on cross section quality of thin-walled tube NC bending[J]. Transacions of Nonferrous Metal Society of China，2006,16(1):878-886.

[139] AOMURA S，KOGUCHI A. Optimized bending sequences of sheet metal bending by robot[J]. Robotics and Computer-Integrated Manufacturing，2002,18 (1):29-39.

[140] WANG C H，DAVID B. Design and manufacturing of sheet-metal parts：Using features to aid process planning and resolve manufacturability

problems[J]. Robotics and Computer-Integrated Manufacturing,1997,
13(3):281-294.

[141] CHANDRA A. Real-Time Identification and Control of Springback in
Sheet Metal Forming[J]. Journal of Engineering for Industry,1987,9:
265-273.

[142] MARTINEZ-PEREZ M L,BORLADO C R,MOMPEAN F J,et al.
Measurement and modelling of residual stresses in straightened com-
mercial eutectoid steel rods[J]. Acta Materialia, 2005, 53 (16):
4415-4425.

[143] BIEMPICA C B ,DEL COZOAZET J J,GARCÍA NIETO P J,et al.
Nonlinear analysis of residual stresses in a rail manufacturing process by
FEM[J]. Applied Mathematical Modelling,2009,33 (1):34-53.

[144] SRIMANI S L , PANKAJ A C ,BASU J. Analysis of end straightness
of rail during manufacturing[J]. International Journal of Mechanical Sci-
ences,2005,47 (1): 1874-1884.

[145] SRIMANI S L,BASU J. An investigation for control of residual stress
in roller-Straightened rails[J]. Strain Analysis,2003,38:261-268.

[146] DAS TALUKDER N K,SINGH A N. Mechanics of bar straightening,
Part 1: General analysis of straightening process[J]. Journal of Engi-
neering for Industry, 1991,113(2):224-227.

[147] ARON M. Stability conditions for straightened,non-linearly elastic,
annular cylindrical sectors[J]. International Journal of Non-linear Me-
chanics. 2006, 41 (5):672-677.

[148] ZHAI H. Research on straightening technology CAM system[J]. Jour-
nal of Mechanical Engineering,2003,16(2),175-177.

[149] 董丽萍. 基于钢板矫直专家系统的研究与开发[D]. 沈阳:沈阳工业大学,
2004.

[150] 吴贤军. 一种有关曲轴滚压矫直的人工神经网络专家系统的构造[J]. 现
代机械,2002(4):30-32.

[151] 费业泰. 误差理论与数据处理[M]. 6 版. 北京:机械工业出版社,2010:
25-38.

[152] CHEN J S,YUAN J,NI J. Compensation of non-rigid body kinematic

effect on a machining center[J]. Transaction of NAMRI ,1992(20）：325-329.

[153] LIN P D,EHMANM K F. Direct volumetric error evaluation of multi-axis machines[J]. International Journal of Machine Tools and Manufacture,1993,33(5):675-693.

[154] BRYAN J B. International Status of Thermal Error Research[J]. CIRP Annals. 1990,39(3):645-656.

[155] CHEN J S,YUAN J,NI J . Thermal error modelling for real-time error compensation[J]. The International Journal of Advanced Manufacturing Technology . 1996,12 (4):266-275.

[156] HOCKEN R. There Dimensional Methodology[J]. Annals of the CIRP,1977,26(2):403-408.

[157] ZHANG G,QUANG R,LU B. A displacement method for machine geometry calibration[J]. CIRP Annals . 1998,37(5):515-518.

[159] LEI W T，HSU Y Y. Accuracy test of five-axis CNC machine tool with 3D probe – ball. Part I:design and modeling[J]. International Journal of Machine Tools and Manufacture,2002,42 (10):1153-1162.

[158] OKAFOR A C，ERTEKIN Y M. Vertical machining center accuracy characterization using laser interferometer[J]. Journal of Materials Processing Technology，2000 (105):394-406.

[160] LEI W T，HSU Y Y. Error measurement of five-axis CNC machines with 3D probe-ball[J]. Journal of Materials Processing Technology. 2003 ,139(1-3):127-133.

[161] 刘又午,刘丽冰,赵小松,等.数控机床误差补偿技术研究[J].中国机械工程.1998(12):48-51.

[162] 杨建国.数控机床误差综合补偿技术及应用[D].上海:上海交通大学,1998.

[163] 龚蓬.动态测量误差修正灰色建模理论与应用技术研究[D].合肥:合肥工业大学,1999.

[164] 刘又午,章青,赵小松,等.数控机床全误差模型和误差补偿技术的研究[J]. 制造技术与机床. 2003(7):46-50.

[165] 欧阳航空,陆林海,侯彦丽.精密定位平台的系统误差分析及螺距误差补

偿方法的实现[J].机电工程.2005,22(1),22-26.

[166] 陈欢,章青.基于误差补偿的加工中心在线检测软件的开发[J].制造技术与机床,2006(10):64-67.

[167] 金建荣.滚珠丝杠在线动态测量及误差补偿技术研究[D].无锡:江南大学,2011.

[168] 陈慧,熊国良,李骏.基于 F-δ 模型的校直压下量确定方法及应用[J].机械设计与研究,2005.21(4):70-73.

[169] 单淑梅.液压自动校直机的应用与研究[J].汽车技术,1998.(11):27-29.

[170] 李庆扬,王能超,易大义,等.数值分析[M].5 版.武汉:华中科技大学出版社,2018.

[171] SAMUEL M. Experimental and numerical prediction of springback and side wall curl in U-bendings of anisotropic sheet metals[J]. Journal of Materials Processing Technology,2000.105(3):382-393.

[172] JOHN B. Modern straightening machines for pipe,tubes,bars and sections[J]. Iron and Steel Engineer,1997,54(11):38-45.

[173] 张伟.智能制造与智能机床技术[J].金属加工(冷加工).2014(10):13-15.

[174] 殷毅. 智能传感器技术发展综述[J].微电子学.2018,48(4):505-507,519.

[175] 于明水.数控机床位置精度的检测及补偿[M].十三五规划科研成果汇编,2017.

[176] 鲁远栋.数控机床热误差检测及补偿技术研究[D].成都:西南交通大学,2007.

[177] 张龙,曾国英,赵登峰,等.机床振动信号数据采集系统设计[J].机床与液压,2012,40(15):71-73.

[178] 孙荣健,孙宏浩,李鹤,等. 数控机床振动故障诊断软件的开发[J]. 机械设计与制造,2017(8):127-129.

[179] 束德林.金属力学性能[M].2 版.北京:机械工业出版社,2002.

[180] 李雪春,杨玉英,包军,等. 弹性模量与塑性变形关系的探讨[J].哈尔滨工业大学学报,2000,32(5):54-56.

[181] 李雪春,杨玉英,王永志.塑性变形对铝合金弹性模量的影响[J].中国有色金属学报,2002,12(4):701-705.

[182] 周小平. 金属材料及热处理实验教程[M]. 武汉:华中科技大学出版社,2006.

[183] 汪守朴. 金相分析基础[M]. 北京:机械工业出版社,1986.

[184] 李康,赵林,侯群峰. 轴承钢 GCr15 球化退火工艺研究[J]. 南钢科技与管理. 2013(4):11-13,17.

[185] 李刚,相珺,况军. GCr15 钢表面激光淬火的组织和性能[J]. 材料热处理学报. 2010,31(4):129-132.

[186] 孙晓峰,葛云龙,姜明,等. GCr15 轴承钢激光表面熔凝强化的研究[J]. 材料科学进展. 1990,4(6):493-497.

[187] HAGEN M T ,MENHAJ M B. Training Feedforward Networks with the Levenberg-Marquardt Algorithm[J]. IEEE Transactions on Neural Networks,1994. 5(6):989-993.

[188] 王一晶,左志强. 基于改进 BP 网络的广义预测控制快速算法[J]. 基础自动化,2002,9(2):10-12.

[189] 周开利,康耀红. 神经网络模型及其 MATLAB 仿真程序设计[M]. 北京:清华大学出版社,2005.

[190] CARPENTER W C,HOFFMAN M E. Selecting the architecture of a class of back-propagation neural networks used as approximator[J]. Artificial intelligence for engineering design analysis and manufacturing?,1997. 11(1):33-44.

[191] ABERBOUR M,MEHREZ H. Architecture and Design Methodology of the RBF-DDA Neural Network[DB/OL]. [2018-12-11]. https://www.ixueshu. com/document/caf3d3fdd7a1746a318947a18e7f9386. html.

[192] 王明彦,郭奔. 基于迭代学习控制的电动伺服负载模拟器[J]. 中国电机工程学报,2003(12):126-129.

[193] 栾宗涛,陶涛,梅雪松,等. 交流伺服系统脉冲序列位置控制研究[J]. 西安交通大学学报,2009(12):35-39.

[194] 孙友松,周先辉,黎勉,等. 交流伺服压力机及其关键技术[J]. 锻压技术,2008,33(4):1-8.

[195] 周雅琴,谭定忠. 无线传感器网络应用及研究现状[J]. 传感器世界,2011,(05):35-40.

[196] CHEN J S,YUAN J,NI J. Thermal error modeling for real time error

compensation [J]. The International Journal of Advanced Manufacturing Technology,1996,12(4):266-75.

[197] 刘国强,薛春芳,王丹杰.基于应变测量法的几种典型悬臂梁的挠度检测[J].装甲兵工程学院学报,2006,20(5):55-57.

[198] ZHANG Y Q,LU H,LING H,et al. Analytical model of a multi-step straightening process for linear guideways considering neutral axis deviation [J]. Symmetry,2018,10(8):316.

[199] ZHANG Y Q,LU H,ZHANG X B,et al. A novel analytical model for straightening process of rectangle-section metal bars considering asymmetrical hardening features[J]. Advances in Mechanical Engineering,2018,10(9):1-14.

[200] 于晓平.轴类全自动校直机[J].金属热处理,2002.27(9):45-46.

[201] DING S G ,HAN C M ,ZHAI H,et al. Research on the numeric processing algorithm in automatic detecting system of precise straightening press[J]. Mechanical Science and Technology,2000.19(1):62-63.

[202] 刘鸿文.材料力学[M].6 版.北京:高等教育出版社,2017.

[203] 王柳. 直线导轨精度检测方法及装置研发[D].南京:南京理工大学,2017.